# HISTOIRE ADMINISTRATIVE

## DE LA

# TÉLÉGRAPHIE

## AÉRIENNE

## EN FRANCE

### PAR ÉDOUARD GERSPACH

*EXTRAIT DES ANNALES TÉLÉGRAPHIQUES*

## PARIS

LIBRAIRIE SCIENTIFIQUE, INDUSTRIELLE ET AGRICOLE

### DE E. LACROIX,

15, QUAI MALAQUAIS, 15.

1861

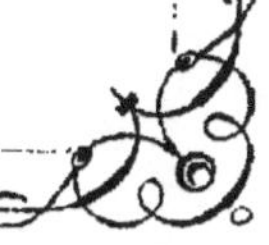

# HISTOIRE ADMINISTRATIVE

DE

# LA TÉLÉGRAPHIE AÉRIENNE

## EN FRANCE

Paris. — Typographie HENNUYER, rue du Boulevard, 7.

# HISTOIRE ADMINISTRATIVE

## DE LA

# TÉLÉGRAPHIE

## AÉRIENNE

## EN FRANCE

### PAR ÉDOUARD GERSPACH

EXTRAIT DES *ANNALES TÉLÉGRAPHIQUES*



## PARIS

**LIBRAIRIE SCIENTIFIQUE, INDUSTRIELLE ET AGRICOLE**
**DE E. LACROIX,**

15, QUAI MALAQUAIS, 15.

1861

# HISTOIRE ADMINISTRATIVE

## DE

# LA TÉLÉGRAPHIE AÉRIENNE

## EN FRANCE

### PAR M. ÉDOUARD GERSPACH.

L'immense développement de la télégraphie électrique et les grands résultats qu'elle a produits ont fait oublier l'ancien télégraphe aérien. Et cependant ces vieilles machines ont leur glorieuse histoire ; elles sont françaises et par la nationalité de leur inventeur et par la sanction du gouvernement qui, le premier entre tous, les adopta officiellement ; elles ont inauguré l'ère devenue si féconde de la transmission rapide et lointaine de la pensée au moyen de signaux ; elles ont amené la création d'une institution nationale ; et, après un demi-siècle de services rendus au pays, elles se sont retirées devant la supériorité de l'invention nouvelle, léguant un passé de travail et d'expérience.

Né pendant la Révolution, le télégraphe aérien eut un commencement très-difficile : il eut à lutter contre les passions populaires, les difficultés de la situation politique et financière du pays. Une vigoureuse impulsion donnée par le pouvoir, le zèle à toute épreuve de ses promoteurs, le firent triompher de tous les obstacles. A l'étonnement de l'Europe, la première ligne télégraphique fut construite, en France, à quelques lieues des camps ennemis, et, digne couronnement de ce travail, la première dépêche transmise fut la nouvelle d'une victoire !

Il nous a semblé intéressant d'étudier les débuts et la marche de l'administration qui fut chargée d'organiser le service télégraphique ; nous avons fait dans ce but des recherches dont les résultats, bien qu'incomplets, nous permettent néanmoins de jeter quelque lumière sur l'histoire de l'administration. Puisés à des sources officielles, dans les mémoires des hommes de l'époque et dans les journaux du temps, les faits et les documents que nous rapporterons peuvent être regardés comme authentiques.

C'est l'histoire administrative, et non l'histoire scientifique du télégraphe français, que nous nous proposons d'étudier ; ce travail ne portera donc sur la partie technique qu'autant qu'il sera nécessaire pour l'intelligence des affaires administratives.

## I

L'histoire d'une grande institution nationale comprend deux études : celle des travaux des hommes qui en ont jeté les premières bases, et celle des actes des gouvernements qui l'ont édifiée. Cette division est surtout nécessaire lorsque, comme en télégraphie, il entre dans l'institution un élément matériel qui résulte d'une invention particulière, car alors l'inventeur a une histoire qui lui est propre et qui ne se confond avec celle de l'institution qu'à partir du jour où le gouvernement est intervenu.

Nous sommes ainsi amené à retracer tout d'abord la vie et les travaux de Claude Chappe, l'inventeur du télégraphe aérien français ; mais, pour bien faire comprendre le genre de mérite qui appartient à Chappe, il est indispensable de rappeler les travaux antérieurs de quelques-uns des hommes dont les idées, plutôt que les appareils, ont jalonné la voie parcourue si victorieusement par la science télégraphique.

Il est certain que, dans les temps les plus anciens, les hommes ont communiqué entre eux à des distances éloignées, l'histoire nous apprend que les peuples de l'antiquité se servaient de feux, d'étendards et même de sons, pour annoncer les mouvements des armées, mais nous ne pensons pas qu'il faille chercher aussi loin l'origine de la télégraphie.

Des signaux convenus à l'avance et qui ne doivent servir qu'à un moment déterminé ne constituent pas un système télégraphique. La télégraphie n'existe réellement que lorsqu'on peut communiquer une pensée *quelconque* à une distance plus ou moins grande, avec une vitesse relativement considérable et sans déplacement de personnes ou de choses ; le caractère de permanence n'est pas indispensable : on peut comprendre des télégraphes avec des effets de lumière, de son, qui n'exigeraient aucun établissement fixe.

Quelques rêveurs du moyen âge, le bénédictin Trithème Kessler, et plus tard le père Paulian, eurent des idées de télégraphie, mais elles leur apparurent trop vaguement, et aucun d'eux n'y donna suite. Ce fut le célèbre docteur anglais Robert Hoocke qui le premier envisagea sérieusement la question de la transmission des signaux ; il la traita dans un mémoire intitulé : *Discours dans lequel on donne le moyen de faire connaître sa pensée à une grande distance*, qu'il lut à la Société royale de Londres, le **21** mars **1684**. Dans ce travail, Hoocke s'occupait des signaux mobiles, qu'il regardait comme seuls possibles pour satisfaire à tous les besoins d'une correspondance aérienne.

Quelques années après, vers 1690, Amontons, membre de l'Académie des sciences, construisit dans le jardin du Luxembourg une petite ligne télégraphique; il fit des expériences en présence du dauphin, de M^lle Choin, maîtresse du prince, et de quelques gentilshommes de la suite. L'indifférence des assistants, que ne put vaincre la conviction de M^lle Choin, qui protégeait Amontons, découragea l'inventeur. Et cependant l'invention était grande et remarquable. Fontenelle, dans un passage connu de ses *Éloges*, s'exprime ainsi sur l'œuvre de son collègue :

« Peut-être ne prendra-t-on que pour un jeu d'esprit, mais du moins très-ingénieux, un moyen qu'il inventa de faire savoir tout ce qu'on voudrait à une très-grande distance, par exemple de Paris à Rome, en très-peu de temps, comme en trois ou quatre heures, et même sans que la nouvelle fût sue dans tout l'espace d'entre eux. Cette proposition, si paradoxe et si chimérique en apparence, fut exécutée dans une petite étendue de pays, une fois en présence de Monseigneur et une autre fois en présence de Madame. Le secret consistait à disposer dans plusieurs postes consécutifs des gens qui, par des lunettes de longue-vue, ayant aperçu certains signaux du poste précédent, les transmettaient au suivant, et toujours ainsi de suite, et ces différents signaux étaient autant de lettres d'un alphabet dont on n'avait le chiffre qu'à Paris et à Rome. La plus grande portée des lunettes faisait la distance des postes, dont le nombre devait être le moindre qu'il fût possible, et comme le second poste faisait des signaux au troisième, à mesure qu'il les voyait faire au premier, la nouvelle se trouvait portée à Rome en presqu'aussi peu de temps qu'il en fallait pour faire les signaux à Paris [1]. »

Cette définition, écrite un siècle plus tard, n'aurait-elle pas pu s'appliquer au·télégraphe de Chappe? Amontons fit plus qu'une expérience, il indiqua la possibilité de grandes lignes, il entrevit un réseau !

A partir de cette époque, les projets de télégraphie se succèdent rapidement. C'est Dupuis, l'auteur de l'*Origine de tous les cultes*, qui présente au gouvernement, en 1778, un télégraphe qui fonctionna pendant dix ans, entre Ménilmontant et Bagneux; c'est don Gauthey qui fait lire, en 1783, à l'Académie des sciences, par Condorcet, un rapport favorable sur un mémoire *pour faire parvenir une dépêche avec la plus grande célérité* (en une demi-heure, avec trois postes intermédiaires, la nuit, mieux encore que le jour, une très-longue dépêche pouvait être transmise à une distance de cent lieues; on n'employait ni électricité ni aimants, et le moyen, disait Condorcet, était praticable, ingénieux, commode et bon marché) [2]; c'est Linguet, à la Bastille, en 1783, qui invente aussi son télégraphe; c'est le capitaine de vaisseau de Courrejoles qui, la même année, bloqué aux îles Ioniennes par une escadre anglaise, construit un télégraphe, qu'il prétendit plus tard avoir été copié par Chappe [3]; c'est Bergtrasser, en Allemagne, qui expérimente divers systèmes, parmi lesquels on en remarque un qui, pour sa manœuvre, exigeait un régiment d'infanterie tout entier.

Nous arrivons à Chappe en 1790. Seul, il a vu son œuvre couronnée de succès; mais aussi après combien de travaux et de malheurs! La vie de Chappe est celle d'un savant, elle prouve que c'est à des études persévérantes

[1] Fontenelle, *Eloge d'Amontons.*
[2] *Comptes rendus de l'Académie des sciences.*
[3] Pétitions de Courrejoles aux gouvernements de la Révolution.

qu'il a dû les procédés de correspondance dont il a doté son pays.

Claude Chappe est né en 1763 à Brulon, département de la Sarthe. Ses frères Pierre, René et Abraham sont du même pays; mais Ignace, l'aîné de la famille, est de Rouen. Leur père possédait une certaine fortune, il les fit convenablement élever et leur donna une éducation classique. Claude, qui devint le plus célèbre, fut placé dans un petit séminaire, distant d'une demi-lieue d'un autre établissement d'instruction où étaient ses frères.

Quelques biographes attribuent à cette séparation l'idée du télégraphe et disent qu'affligés de ne pas se trouver réunis, les frères Chappe cherchèrent un moyen de communiquer entre eux, qu'ils y réussirent en plaçant sur les toits un système de perches tournant sur pivot et disposées de manière à former un certain nombre de signaux. Nous n'attachons aucune importance à ce détail; Chappe ne le mentionne dans aucun de ses mémoires, et ce n'est que quelques années après sa sortie du séminaire qu'il prit date pour constater la première de ses expériences relative à la transmission des signaux.

Chappe fit de bonnes études, il s'occupa des sciences, de physique, et particulièrement d'électricité. En 1790, il fit des expériences sur la tendance de l'électricité à s'échapper par les pointes; il étudia les effets physiologiques du fluide et l'expérimenta sur des vers à soie. Ces travaux, insérés dans le *Journal de physique*, furent très-remarqués et le firent nommer membre de la Société philomatique.

Chappe était à Paris lorsque éclata la Révolution; le calme de la province convenait mieux à ses occupations que les agitations de la grande ville, il retourna à Brulon.

C'est alors, vers la fin de 1790, qu'il eut l'idée d'un système de correspondance par signaux. Il était loin, au début, de songer à l'emploi des corps opaques et mobiles qu'il adopta plus tard ; il pensa tout d'abord à l'électricité dont il avait fait, comme on vient de voir, une étude particulière. Il fit des expériences que, dans un rapport lu en l'an II, Lakanal, membre de la Convention, constate en ces termes : « L'électricité fixa d'abord l'attention de ce laborieux physicien, il imagina de correspondre par le secours des temps marquant électriquement les mêmes valeurs, au moyen de deux pendules harmonisées ; il plaça et isola des conducteurs à de certaines distances ; mais la difficulté de l'isolement, l'expansion latérale du fluide dans un long espace, l'intensité qui eût été nécessaire et qui est subordonnée à l'état de l'atmosphère, lui firent regarder son projet de communication par l'électricité comme chimérique [1]. » On le voit par cet extrait, Chappe essaya l'électricité, il s'empara de sa propriété de vitesse pour tenter d'indiquer d'une manière instantanée le moment précis où les aiguilles de deux pendules parfaitement d'accord passeraient sur certains points de leurs cadrans et, par suite, indiqueraient certains signaux. En présence de l'état actuel de la télégraphie, cette expérience est curieuse à noter. Chappe a tenu entre les mains l'arme qui l'a vaincu, mais à cette époque il ne pouvait en soupçonner la puissance.

Chappe passa de l'électricité aux corps colorés, il chercha des combinaisons de couleurs, mais il reconnut bien vite la difficulté de les rendre sensibles à de grandes distances. Puis il essaya, en vain, le micromètre appliqué aux lunettes dont il avait dû se servir pour les expériences des couleurs. Il recourut enfin au son et fit une véritable expérience vers la fin de 1790. Deux postes furent établis à 400 mètres de distance ; chacun de ces postes était muni

---

[1] Rapport de Lakanal à la Convention, juillet 1793.

d'une pendule en harmonie avec l'autre ; quand l'aiguille passait sur la division du cadran à indiquer, on frappait l'une contre l'autre deux casseroles ; ce moyen assez grossier ne pouvait s'appliquer qu'à deux postes peu éloignés, aussi ne servit-il que de point de départ ; le son fut remplacé par la vue de certains objets, et au commencement de l'année 1791 on crut enfin avoir résolu le problème. Le 2 mars, Chappe, après avoir convoqué les officiers municipaux de Parcé, district de Sablé, département de la Sarthe, fit des expériences dont le procès-verbal, signé par toutes les personnes présentes, a été conservé.

Chappe avait installé deux stations, l'une à Parcé, l'autre à Brulon, distants de 15 kilomètres ; au haut d'un axe pivotant de 4 mètres était fixé un rectangle en bois, de $1^m,65$ de hauteur sur $1^m,33$ de largeur ; cette pièce avait deux faces, l'une blanche, l'autre noire ; les deux pendules harmonisées avaient été conservées. Lorsque l'aiguille passait sur le point à indiquer, on faisait pivoter l'axe, et le rectangle changeait de face. L'expérience réussit à merveille et plusieurs phrases furent rapidement échangées.

Pendant près d'un an, les expériences continuèrent avec le même succès et donnèrent à Chappe les plus grandes espérances. Il eut l'idée de présenter sa machine au gouvernement, de la faire adopter et de proposer l'établissement de grandes lignes. Il comprit que ce n'était pas en restant à Brulon qu'il arriverait à son but, et il partit pour Paris vers la fin de 1791. Mais, avant de soumettre son invention à l'examen du gouvernement, il voulut lui faire donner une sanction publique ; il sollicita et obtint de la ville de Paris la permission de l'établir sur le pavillon gauche de la barrière de l'Étoile. Il pensait que là, en plein air, sur une grande route, ses expériences acquerraient une notoriété qui ne pouvait être qu'avantageuse. Il éleva à ses frais la machine ; elle était achevée, lorsqu'un matin, en venant la visiter, il trouva toute la construction démolie. Il interrogea le gardien de la barrière, qui affirma n'avoir rien entendu. Plus tard il apprit que des hommes du peuple masqués avaient tout brisé, sans que personne eût songé à les en empêcher.

L'inventeur ne se laissa pas décourager par cet accident, mais il chercha un lieu plus sûr, et fut autorisé à s'installer dans le parc de Lepeltier Saint-Fargeau, à Ménilmontant. Chappe se hâta de faire bâtir, dans le domaine de l'opulent député, une baraque surmontée d'une machine qui n'était déjà plus celle de Brulon. Elle était composée de six *voyants* au haut d'un axe pivotant. Les pendules furent supprimées et la disposition des *voyants* formait seule les signaux. C'était un pas en avant, il entrait dans le système un élément de moins, et c'était justement celui qui prêtait le plus à la critique. Il eût été difficile, en effet, d'établir un grand nombre de pendules marchant toujours parfaitement ensemble ; l'art chronométrique était assez avancé pour fournir de bons instruments, mais, confiés à des mains inhabiles, qui eût pu les garantir ?

Une fois déterminé à ne se servir que de signaux vus à distance, Chappe ne devait pas s'arrêter longtemps à ses six *voyants*. Il étudia les formes des corps opaques les plus susceptibles de bien se détacher sur le fond du ciel et de se distinguer de loin ; il trouva que la forme allongée était la meilleure, il l'adopta en principe et imagina un appareil composé de corps allongés tournant et se combinant entre eux. Comme il n'était pas mécanicien, il s'adressa, pour la construction, à l'ingénieur Bréguet, qui lui établit la machine telle qu'elle a été conservée, à peu de chose près, pendant une cinquantaine d'années et jusqu'à la disparition du système.

Cet appareil, très-bien monté, consistait, dans sa partie supérieure, en un grand parallélogramme allongé, formé d'un châssis garni de lames de persienne en cuivre bruni, aux extrémités duquel se trouvaient deux autres parallélogrammes plus petits. Ces trois pièces étaient mobiles à leur centre et d'un mouvement de rotation indépendant. L'opérateur, placé dans une chambre au bas de la machine, lui donnait l'impulsion au moyen d'un système de cordes et de poulies qui correspondaient à un petit appareil en tout semblable à la machine extérieure et qu'on appelait *répétiteur*. Nous verrons plus tard, quand nous parlerons des fonctions de l'appareil, quelles manœuvres il exigeait et quels furent les signaux adoptés.

La machine était bien conçue et bien exécutée. Elle se voyait de loin, donnait peu de prise au vent, était d'une manipulation facile, le jeu des pièces était indépendant et assez prompt; enfin les réparations urgentes pouvaient être faites sans le secours d'ouvriers spéciaux.

Indépendamment de la question d'appareils, l'inventeur dut s'occuper de l'établissement d'un vocabulaire. Un des parents de Chappe, Léon Delaunay, qui avait été consul de France à Lisbonne, se chargea de ce travail; dans ses fonctions il avait acquis l'habitude des langages secrets, dont l'usage lui était resté familier. Prenant les bases adoptées pour les correspondances diplomatiques, il fit un vocabulaire chiffré de 9,999 mots; chaque mot était représenté par un nombre. Les signaux de convention nécessaires au service étaient seuls compris par les opérateurs. Cette méthode était défectueuse : pour transmettre un mot, il fallait d'un à quatre signaux, et pour les neuf dixièmes des mots, il en fallait toujours quatre; de plus, avant et après chaque mot, il était nécessaire de donner un signal indicatif, ce qui faisait, dans la grande majorité

des cas, un total de six signaux par mot, nombre beaucoup
trop considérable et qui devait nécessairement nuire à la
rapidité des communications. Le chiffre de Delaunay,
possible pour une correspondance écrite, était insuffisant
pour la télégraphie; il ne fut conservé que jusqu'en 1795.

Léon Delaunay n'était pas le seul coopérateur de Claude
Chappe. Abraham, le plus jeune, et Ignace, l'aîné de ses
frères, prirent une grande part à ces premiers travaux.
Abraham avait travaillé avec Claude depuis le commencement des expériences; mais Ignace fut pour l'invention
d'un secours bien plus considérable.

Ignace-Urbain Chappe était receveur des domaines à
Rouen au moment où éclata la Révolution; il en adopta
les principes, quoiqu'elle lui eût fait perdre sa place; ses
opinions libérales et modérées le firent nommer député à
l'Assemblée législative par les électeurs du département
de la Sarthe. Depuis le 1er octobre 1791, il siégeait à l'Assemblée et était même adjoint au Comité de l'instruction
publique. Cette haute position pouvait avoir une grande
influence sur l'entreprise; au titre de représentant était
attachée une autorité morale qu'Ignace Chappe ne négli-
gea point. Il s'appliqua à préparer le succès; sa carte de
représentant lui donnait accès dans les ministères; il les
parcourut, fit pressentir les résultats de l'invention et
s'efforça de la populariser dans les sphères administratives.

Fort de cet appui naturel, fort surtout de sa conviction,
Claude Chappe crut le moment arrivé de faire hommage
de son invention au gouvernement.

## II

Le 22 mars 1792, Chappe, sur sa demande, fut admis
à la barre de l'Assemblée législative. C'était à la séance

du soir, spécialement destinée aux affaires qui ne touchaient pas directement à la grande politique. Dorizi était au fauteuil.

La parole fut donnée à Chappe, qui lut la pétition suivante :

Monsieur le Président,

Je viens offrir à l'Assemblée nationale l'hommage d'une découverte que je crois utile à la chose publique.

Cette découverte présente un moyen facile de communiquer rapidement, à de grandes distances, tout ce qui peut être l'objet d'une correspondance.

Le récit d'un fait ou d'un événement quelconque peut être transmis, la nuit ainsi que le jour, à plus de 40 milles, dans moins de 46 minutes. Cette transmission s'opérerait d'une manière presque aussi rapide, à une distance beaucoup plus grande (le temps employé pour la communication n'augmentant point en raison proportionnelle des espaces).

Je puis en 20 minutes transmettre, à la distance de 8 ou 10 milles, la série de phrases que voici, ou toute autre équivalente :

*Luckner s'est porté vers Mons, pour faire le siége de cette place. Bender s'est avancé pour la défendre. Les deux généraux sont en présence. On livrera demain bataille.*

Ces mêmes phrases seraient communiquées, en 24 minutes, à une distance double de la première ; en 33 minutes elles parviendraient à 50 milles. La transmission à une distance de 100 milles ne nécessiterait que 12 minutes de plus.

Parmi la multitude d'applications utiles dont cette découverte est susceptible, il en est une qui, dans les circonstances présentes, est de la plus haute importance.

Elle offre un moyen certain d'établir une correspondance telle que le Corps législatif puisse faire parvenir ses ordres à nos frontières et en recevoir la réponse pendant la durée d'une même séance.

Ce n'est point sur une simple théorie que je fais ces assertions. Plusieurs expériences, tentées à la distance de 10 milles, dans le département de la Sarthe, et suivies de succès, sont pour moi de sûrs garants de la réussite.

Les procès-verbaux ci-joints, dressés par deux municipalités, en présence d'une foule de témoins, en attestent l'authenticité.

L'obstacle qui me sera le plus difficile à vaincre sera l'esprit de prévention avec lequel on accueille ordinairement les faiseurs de projets. Je n'aurais jamais pu m'élever au-dessus de la crainte de leur être assimilé, si je n'avais été soutenu par la persuasion où je suis, que tout citoyen français doit, en ce moment plus que jamais, à son pays le tribut de ce qu'il croit lui être utile.

Je demande, messieurs, que l'Assemblée nationale renvoie à l'un de ses comités l'examen des projets que j'ai l'honneur de vous annoncer, afin qu'il nomme des commissaires pour en constater les effets, par une expérience qui sera d'autant plus facile à faire, qu'en l'exécutant sur une distance de 8 ou 10 milles, on sera à portée de se convaincre qu'elle peut s'appliquer à tous les espaces.

Je la ferai, au surplus, à toutes les distances que l'on voudra m'indiquer ; et je ne demande, en cas de réussite, qu'à être indemnisé des frais qu'elle aura occasionnés.

L'Assemblée nationale accepta l'hommage de la machine, ordonna que l'examen en serait renvoyé au Comité de l'instruction publique, et admit l'inventeur aux honneurs de la séance [1].

Chappe, voulant rendre concluante l'expérience qui devait être faite en présence des commissaires de l'Assemblée nationale, avait commencé la construction d'une ligne de plusieurs postes. La première station était dans le parc de Lepeltier Saint-Fargeau ; il pensait que là, dans une propriété particulière, chez un représentant du peu-

---

[1] *Moniteur universel.*

ple, il serait en sûreté; mais il avait compté sans la fureur aveugle de la populace, et ses constructions étaient à peine achevées qu'elles subirent le sort de celles de la barrière de l'Étoile. Le peuple les brisa, y mit le feu et détruisit tout, jusqu'au dernier vestige. La vie de Chappe et celle de ses amis fut en danger. Momentanément tout travail dut être interrompu. Le peuple prétendait que cette invention était destinée à servir les ennemis du pays et particulièrement à correspondre avec le roi Louis XVI, enfermé au Temple. Chappe, ne pouvant plus se présenter à Belleville, songea à se mettre, lui et ses machines, sous la sauvegarde du pouvoir, et le 12 septembre il écrivit à l'Assemblée nationale :

Messieurs,

Vous vous rappelez que je me suis présenté devant vous, pour vous faire l'hommage d'une découverte dont l'objet est de rendre, par le secours des signaux, avec une célérité inconnue jusqu'à présent, tout ce qui peut faire le sujet d'une correspondance. Vous en avez renvoyé l'examen à votre Comité d'instruction publique; le résultat que je vous avais annoncé n'a point encore été constaté par vos commissaires, parce que je ne voulais pas seulement leur exposer une simple théorie, mais leur mettre des faits sous les yeux. J'ai en conséquence fait construire en grand plusieurs machines nécessaires pour cette opération, j'en ai fait établir une à Belleville, deux autres allaient être terminées et placées, lorsque j'ai appris qu'un attroupement d'une partie des habitants de la commune de Belleville et des environs avaient brisé et détruit tous ces préparatifs, croyant qu'ils étaient destinés à servir les projets de nos ennemis; ils menacent dans ce moment mes jours, ainsi que ceux d'un citoyen habitant de Belleville, qu'ils soupçonnent d'avoir coopéré avec moi au placement de cette machine.

Ces événements, messieurs, me mettent dans l'impossibilité de faire l'expérience que j'avais promise, à moins que l'Assemblée ne me prenne sous sa sauvegarde spéciale, ainsi que les personnes nécessaires à l'exécution de cette expérience. Je m'engage à la mettre à exécution avant douze jours, si l'Assemblée veut seconder mon zèle, en m'accordant l'indemnité nécessaire aux réparations de mes machines, et surtout en prenant les mesures convenables pour ma sûreté et celle de mes coopérateurs » [1].

Il ne faut pas oublier que Chappe avait jusqu'alors fait de ses propres deniers tous les frais de l'entreprise; la somme totale qui y fut consacrée par lui et sa famille ne s'élève pas à moins de 40,000 francs. Il se trouvait donc atteint et dans sa fortune, et dans ses projets, et dans sa sécurité. Sa demande devait cependant rester bien long-temps sans réponse. L'Assemblée législative avait, le 21 septembre, cédé la place à la Convention nationale. Le gouvernement, tout entier aux graves préoccupations de l'époque, pouvait négliger les affaires qui paraissaient alors d'une importance secondaire. D'un autre côté, Ignace Chappe ne faisait plus partie de l'Assemblée. Les chances avaient donc sensiblement diminué. L'inventeur et les siens attendirent avec patience une époque plus favorable; ce n'était pas, en effet, après avoir résisté déjà à tant d'é-preuves qu'ils devaient songer à abandonner leurs pro-jets. Ignace eut soin d'entretenir ses anciennes relations, il visitait les fonctionnaires, leur rappelait le *tachygraphe*, car c'est ainsi qu'on avait appelé l'invention, et en dé-montrait la nécessité dans les circonstances présentes. Dans une de ses visites au ministère de la guerre, à la tête duquel se trouvait alors le colonel Bouchotte, il eut l'occasion de s'entretenir un jour avec le chef de division Miot. Miot était un homme lettré, qui plus tard fut ministre, ambas-

[1] Correspondance de Chappe.

sadeur, membre de l'Institut, et qui occupa de hautes fonctions politiques sous l'Empire, à la cour du roi Joseph. La conversation roula, comme de juste, sur la *tachygraphie*. Miot, tout en applaudissant à l'idée, n'approuva pas cette dénomination de *tachygraphe*, et proposa d'y substituer celle de *télégraphe*. L'expression fut adoptée, fit fortune et avec raison : le mot *tachygraphe* veut dire *qui écrit vite*, il n'implique aucune idée de distance ; le mot *télégraphe, qui écrit de loin*, est plus complet, l'idée de distance y est renfermée, et celle de vitesse est suffisamment indiquée dans les mots *qui écrit*. Le mot *tachygraphie* existait déjà dans la langue, et l'invention de Chappe méritait bien un nom à elle. L'expression *télégraphie* ne spécifiait aucun système, elle indiquait le but ; elle est restée, elle est devenue générique. Ce fut au mois d'avril 1793 que cette heureuse dénomination fut proposée par Miot, qui n'a jamais eu, du reste, d'autres rapports avec la télégraphie [1].

Les affaires cependant n'avançaient pas ; plus d'une année s'était écoulée depuis que Chappe avait lu sa pétition à l'Assemblée législative. Le projet, renvoyé à l'examen du Comité de l'instruction publique, semblait avoir été oublié dans les cartons, lorsqu'un des membres du Comité, le citoyen Romme, l'exhuma et se prit d'enthousiasme pour les idées qu'il renfermait.

Romme avait une instruction étendue, mais assez superficielle. Son imagination était prompte, vive et fougueuse ; il comprit immédiatement la télégraphie dans son ensemble, en plaida la cause avec feu, rédigea un projet de rapport que les Comités réunis de l'instruction publique et de la guerre le chargèrent de présenter à la Convention.

[1] Mémoire des Miot de Melito. Michel Lévy frères, 1858.

Dans la séance du 1er avril 1793, Romme monta à la tribune et porta la parole en ces termes :

Dans tous les temps on a senti la nécessité d'un moyen rapide et sûr de correspondre à de grandes distances. C'est surtout dans les temps de guerre de terre et de mer qu'il importe de faire connaître rapidement les événements nombreux qui se succèdent, de transmettre des ordres, d'annoncer des secours à une ville, à un corps de troupes qui serait investi. L'histoire renferme le souvenir de plusieurs procédés conçus dans ces vues, mais la plupart ont été abandonnés comme incomplets et d'une exécution trop difficile. Plusieurs mémoires ont été présentés sur ce sujet à l'Assemblée législative et renvoyés au Comité d'instruction publique, un seul a paru mériter l'attention.

Le citoyen *Chappe* offre un moyen ingénieux d'écrire en l'air en y déployant des caractères très-peu nombreux, simples comme la ligne droite dont ils se composent, très-distincts entre eux, d'une exécution rapide et sensible à de grandes distances: A cette première partie de son procédé il joint une sténographie usitée dans les correspondances diplomatiques. Nous lui avons fait des objections, il les avait prévues, et y répond victorieusement; il lève toutes les difficultés que pourrait présenter le terrain sur lequel se dirigerait sa ligne de correspondance; un seul cas résiste à ses moyens, c'est celui d'une brume fort épaisse comme il en survient dans le Nord, dans les pays aqueux, et en hiver; mais dans ce cas fort rare, qui résisterait également à tous les procédés connus, on aurait recours momentanément aux moyens ordinaires. Les agents intermédiaires employés dans les procédés du citoyen *Chappe* ne pourraient en aucune manière trahir le secret de sa correspondance, car la valeur sténographique des signaux leur serait inconnue. Deux procès-verbaux de deux municipalités de la Sarthe attestent le succès de ce procédé dans un essai que l'auteur en a fait et permettent à l'auteur d'avancer avec quelque assurance qu'avec son procédé, la dépêche qui apporta la nouvelle de la prise de Bruxelles, aurait pu être transmise à la

Convention et traduite en 25 minutes. Vos comités pensent cependant qu'avant de l'adopter définitivement, il convient d'en faire un essai plus authentique, sous les yeux de ceux qui, par la nature de leurs fonctions, seraient le plus dans le cas d'en faire usage et sur une ligne assez étendue, pour prendre quelque confiance dans les résultats [1].

La Convention, sur la proposition de Romme, décréta que le Conseil exécutif provisoire serait autorisé à faire un essai du procédé pour correspondre rapidement à de grandes distances, présenté par le citoyen Chappe, en prenant une ligne de communication assez longue pour obtenir des résultats concluants. Elle ordonna au Comité de l'instruction publique de nommer une commission pour suivre les expériences, et décida que, pour les frais de cet essai, il serait pris une somme de 6,000 francs sur les fonds libres de la guerre [2].

Les commissaires furent nommés le 6 avril. Ce furent les représentants Lakanal, Daunou et Arbogast. Tous trois étaient du Comité de l'instruction publique, où s'étaient réunis les hommes de science les plus remarquables de la Convention, pour, comme disait Lakanal, sauver, durant la Révolution, les sciences, les lettres et ceux qui les honoraient par leurs travaux. Daunou était un savant érudit, Arbogast un mathématicien; le premier fut membre et le second associé de l'Institut. Lakanal était un homme d'une vaste intelligence, qui durant toute sa carrière rendit d'immenses services aux sciences, aux lettres et aux arts. Docteur ès sciences et ès lettres, ce qui, à cette époque, était fort rare, professeur de philosophie avant la Révolution, et membre de l'Institut plus tard, Lakanal

[1] *Moniteur universel.*
[2] Procès-verbaux des séances de la Convention.

avait été entraîné par le mouvement politique; nommé à la Convention nationale, il fit constamment partie du Comité de l'instruction publique. Son zèle pour tout ce qui regardait la gloire scientifique du pays fut inépuisable; on lui doit la réorganisation de l'Institut et du Muséum, la loi sur la propriété littéraire, la création de l'École normale et du Bureau des longitudes, l'organisation des écoles primaires, des écoles centrales et de celle des langues orientales, et enfin le rapport qui décida l'adoption du télégraphe.

Appelé auprès de la Commission pour y développer ses plans, Chappe ne réussit point à convaincre Daunou et Arbogast, mais il trouva un puissant protecteur en Lakanal, qui, après avoir fait expérimenter devant lui la machine, comprit les immenses résultats que la civilisation et la politique pouvaient en espérer. La résistance de la Commission fut vive, elle était augmentée de celle de la Commission des finances, où régnait Cambon, qui ne voulait voir dans le projet qu'une nouvelle source de dépenses pour l'État et dont l'esprit économe tendait à repousser tout ce qui pouvait devenir l'objet d'une charge pour le trésor.

Chappe était presque désespéré; tout lui semblait perdu, et sans Lakanal il eût certainement abandonné son projet[1].

Lakanal lutta énergiquement; il développa toutes les ressources de son imagination, s'appuya sur des raisonnements puissants, démontra le concours que la télégraphie devait apporter aux opérations militaires, l'action qu'elle aurait sur la fondation de l'unité du pays, et dit que son établissement serait la meilleure réponse aux publicistes qui prétendaient que la France était trop grande pour

---

[1] Correspondance de Chappe avec Lakanal.

pouvoir jamais être dirigée par un gouvernement unique. Ces arguments triomphèrent. La Commission invita Chappe à se mettre en mesure de prouver matériellement ses assertions, et les fonds nécessaires lui furent délivrés.

Aidé de ses frères et de ses amis Delaunay et Girardin, Chappe se mit à l'œuvre ; il construisit une véritable ligne télégraphique de trois postes, deux extrêmes et un intermédiaire. Il craignit pour ses travaux le sort des premières machines, et sollicita du gouvernement une efficace protection ; les commissaires la lui firent obtenir. La Convention, le 2 juillet, ordonna aux maires, officiers municipaux et procureurs des communes sur le territoire desquelles les expériences devaient se faire, de veiller à ce que les machines de Chappe fussent entourées de la plus grande sécurité. La garde nationale fut requise pour les garder, et l'on fit connaître officiellement aux citoyens que les expériences avaient été ordonnées par un décret de la Convention.

Après tant de travaux, de malheurs et de patience, Chappe était enfin arrivé à son but. Le 12 juillet 1793, en présence des membres de la Commission et d'un grand nombre de savants, d'artistes et d'hommes politiques, il procéda à la solennelle expérience qui devait décider du sort de la télégraphie.

La ligne s'étendait sur une longueur de 35 kilomètres. Le point de départ était dans le parc Saint-Fargeau, à Ménilmontant, le poste intermédiaire à Écouen, et l'extrémité de la ligne à Saint-Martin-du-Tertre.

Dans chaque poste se trouvaient deux stationnaires, — le mot date de cette époque, — l'un à la lunette, l'autre au répétiteur.

Chappe et ses frères, le vocabulaire à la main, étaient aux stations extrêmes.

Lakanal et Arbogast se rendirent à Saint-Martin-du-Tertre, Daunou resta à Ménilmontant.

A quatre heures vingt-six minutes, le poste de Saint-Martin-du-Tertre donna le signal *activité*, pour indiquer qu'il était en mesure. Aussitôt le poste de Ménilmontant commença la transmission de la phrase suivante : « Daunou est arrivé ici; il annonce que la Convention nationale vient d'autoriser son Comité de sûreté générale à apposer les scellés sur les papiers des représentants du peuple. » Cette dépêche de vingt-neuf mots fut transmise en onze minutes. A son tour, le poste de Saint-Martin-du-Tertre transmit en neuf minutes les vingt-six mots qui suivent : « Les habitants de cette belle contrée sont dignes de la liberté par leur amour pour elle et leur respect pour la Convention nationale et ses lois. » Puis les commissaires entreprirent une conversation qui fut rapidement transmise. Le succès fut complet : sauf quelques légères erreurs de signaux provenant de l'inattention ou du peu d'expérience des opérateurs, les mots furent très-exactement transmis et traduits. La Commission et toute l'assistance furent émerveillées de ce résultat; la télégraphie était créée.

Chappe présenta aux commissaires un télégraphe ambulant et un télégraphe de nuit, car, dans la pensée de l'inventeur, la télégraphie devait pouvoir être employée en tous lieux et à toute heure.

La machine ambulante, destinée au service des armées en mouvement, était établie sur un chariot; elle était plus petite que le télégraphe ordinaire, et le répétiteur s'y trouvait remplacé par un levier d'une disposition spéciale.

L'appareil de nuit n'était autre chose que le télégraphe de jour, avec quatre fanaux aux extrémités des branches.

Il est douteux que ces deux systèmes aient été alors ex-
périmentés. Le rapport de la Commission ne fait qu'en
mentionner l'existence. Les télégraphes ambulants ne
furent jamais d'un usage pratique, et l'on sait que la télégraphie de nuit, après bien des expériences, ne fut appliquée que fort tard, et seulement à titre d'essai.

Le 26 juillet, Lakanal, au nom de la Commission, présenta son rapport à la Convention ; après avoir retracé en
quelques mots les infructueuses tentatives qui avaient
précédé Chappe, il passa aux travaux de ce savant, dé-
crivit son appareil et donna le détail de l'expérience définitive. Il en constata la parfaite réussite et développa en
termes éloquents les merveilleux résultats que le gouvernement devait obtenir de cette ingénieuse découverte. Pré-
voyant les objections financières, il annonça que, sur le
prix de 6,000 francs fixé par les devis pour la construction d'un poste télégraphique, on avait déjà pu opérer une
réduction considérable, et que la dépense en argent ne
serait que de 3,650 francs, la nation possédant des télescopes, meubles et matériaux qui pourraient être employés.
Il conclut à l'adoption, en rappelant à la Convention que
« les sciences et les arts, autant que les vertus des héros,
ont illustré les nations dont le souvenir se prolonge avec
gloire dans la postérité. »—« Quelle brillante destinée,
ajouta-t-il, les sciences et les arts ne réservent-ils pas à
une République qui, par son immense population et par
le génie de ses habitants, est appelée à devenir la nation enseignante de l'Europe !» Il termina par ces mots :
« Vos commissaires pensent que vous ne négligerez pas
cette occasion d'encourager les sciences utiles ; si leur
foule épouvantée s'éloignait à jamais de vous, le fana-
tisme relèverait ses autels, et la servitude couvrirait la
terre. Rien, en effet, ne travaille plus puissamment pour

les intérêts de la tyrannie que l'ignorance. » A la suite de
ce rapport, remarquable par la clarté des descriptions et
l'étendue des considérations, développées dans un style
fortement empreint de la couleur de l'époque, la Convention adopta officiellement le télégraphe de Chappe.

Le Comité de salut public fut chargé d'étudier quelles
lignes il était dans l'intérêt de la République de faire établir sur le territoire français, et Chappe reçut par décret
le titre d'ingénieur-télégraphe. Il fut assimilé, pour les
appointements, aux lieutenants du génie, qui étaient
payés à raison de 5 livres 10 sous par jour. Cette nomination revêtit Chappe d'un caractère officiel. Son entreprise, désormais aux frais et sous les ordres de l'État, devint une administration du gouvernement. C'est donc du
26 juillet 1793 que date l'ère officielle de la télégraphie,
bien que la première ligne télégraphique n'ait fonctionné
qu'un an plus tard.

Nous pouvons dès à présent juger le rôle de Chappe et
celui du gouvernement dans l'institution des télégraphes.

Sans doute, longtemps avant Chappe l'idée génératrice
de la télégraphie avait surgi, mais la gloire de Chappe
n'en reste pas moins intacte. De tous ceux qui se sont
occupés de télégraphie, il est le seul qui ait poursuivi sans
relâche son œuvre, et qui, soutenu par une inébranlable
conviction, ait persisté jusqu'à ce qu'il ait atteint son
but. Si la priorité de l'idée n'appartient pas à Chappe,
c'est lui qui, après avoir inventé un appareil presque aussi
parfait que possible, a construit la première ligne et a organisé le premier service télégraphique. Aussi la postérité, dans sa reconnaissance, l'a-t-elle proclamé définitivement l'inventeur du télégraphe aérien.

Mais de quel effet n'a pas été l'intervention du gouvernement ? Le télégraphe de Chappe ne pouvait être une entreprise privée ; pour la faire réussir, il fallait la puissance dont un État seul peut disposer. Le gouvernement, en adoptant la télégraphie, lui a donné la vie et lui a communiqué la force nécessaire à son développement.

Sans le gouvernement, que seraient devenues les machines de Chappe ? Elles eussent sans doute subi le sort de celles d'Amontons et, consignées dans les rapports scientifiques, on les trouverait classées parmi les inventions avortées.

Mais si l'œuvre honore le gouvernement tout entier, elle illustre particulièrement le nom de Lakanal ; c'est à ce citoyen intègre, protecteur infatigable des sciences, des arts et des savants, et auquel la France est déjà redevable de tant d'institutions, que revient en partie l'honneur d'avoir fondé la télégraphie. Chappe le reconnaît ; dans sa correspondance, il appelle Lakanal son créateur. Créateur, en effet, celui qui, animé du désir de servir son pays, adopte une idée qui lui paraît grande, la soutient, combat pour elle, surmonte les obstacles et la fait aboutir.

Enfin n'oublions pas Romme, dont le rapport éveilla l'attention sur Chappe.

La télégraphie doit son éclat et sa grandeur au gouvernement français. Les circonstances, à la vérité, favorisèrent son essor. En 1793, la France était envahie par les armées étrangères ; elle devait, pour affranchir le territoire national et assurer son indépendance, employer toutes ses ressources et surtout en créer de nouvelles ; la télégraphie lui en parut une précieuse, elle l'adopta et l'incorpora dans les services publics.

## III

Voilà donc la télégraphie aérienne dégagée des obstacles qui entravent tout nouvel établissement ; elle a subi les inévitables retards imposés par les formes parlementaires : propositions, renvoi aux commissions, examens, rapports, adoption, toute la procédure législative lui a été rigoureusement appliquée. Placée à l'avenir sous l'action directe du pouvoir exécutif, sa marche ne sera plus arrêtée que par des difficultés matériellement insurmontables.

Le Comité de salut public, chargé par la Convention de diriger l'établissement des lignes télégraphiques, arrêta, le 4 août 1793, sous l'inspiration de Carnot, la construction d'urgence de deux lignes : l'une de Paris à Lille, l'autre de Paris à Landau.

Cette direction vers les frontières du nord et de l'est, déjà indiquée d'ailleurs par Chappe lui-même et par les rapporteurs, présente un caractère qu'il importe de faire ressortir.

Au mois d'août 1793, l'armée française, refoulée au nord par les armées autrichiennes, était en pleine retraite. Les places de Condé et de Valenciennes venaient de tomber entre les mains de l'ennemi. Le prince de Cobourg s'avançait à la tête de 180,000 hommes ; déjà il n'était plus qu'à quarante lieues de Paris, lorsque l'armée française arrêta son mouvement de retraite et s'établit sur la Scarpe, sa gauche appuyée sur Douai et sa droite sur Arras. Cette attitude déterminée arrêta le prince de Cobourg. A l'est la situation n'était pas meilleure. Le roi de Prusse et Wurmser, avec 76,000 hommes, couvraient le pays entre les Vosges et Lauterbourg, et Custine les observait derrière la Lauter. C'est au moment même où la trace de nos frontières était effacée, où nos soldats reculaient, écrasés par le nombre, que le Comité de salut public, comme pour se railler des progrès des coalisés, décréta que des télégraphes seraient posés, comme des sentinelles avancées, à l'extrême limite de nos frontières, au delà des lignes ennemies.

L'idée qui présida à l'adoption de la télégraphie fut donc toute militaire. Chappe, la Convention, le Comité de salut public, ne virent, avant tout, dans les télégraphes que des instruments de guerre. Il n'en pouvait être autrement : le premier devoir de tous était alors de travailler à l'affranchissement du territoire violé sur toutes ses frontières. Nous venons de dire qu'au nord le prince de Cobourg, à la tête de 180,000 hommes, marchait sur Paris ; derrière lui était le duc d'York avec 20,000 Autrichiens et Hanovriens. Le prince de Hohenlohe occupait Luxembourg et Namur avec 30,000 hommes. Le roi de Prusse et Wurmser avaient échelonné une armée de 76,000 hommes entre les Vosges et Lauterbourg.

Les Alpes étaient franchies par 40,000 Piémontais et 8,000 Autrichiens ; 22,000 Espagnols occupaient les défilés des Pyrénées. La Vendée était en feu, Lyon révolté, Toulon aux Anglais.

Pour faire face à tous ces dangers et les vaincre, la France ne comptait que 397,000 hommes mal disciplinés, mal armés, mal vêtus, mal nourris. L'audace et la rapidité des marches suppléaient seules à l'insuffisance du nombre, et quel moyen pouvait servir mieux que le télégraphe à transmettre rapidement des ordres, et à précipiter le mouvement des armées ?

Avec la manière de faire la guerre des coalisés, le siége des places jouait un grand rôle, et là encore la télégraphie pouvait être heureusement employée à notre profit. L'assiégé bloqué restait maître en effet de conserver une communication télégraphique avec une armée tenant la campagne à trois ou quatre lieues de la place. Le gouvernement le comprit bien, et il ordonna que les travaux des deux lignes décrétées commenceraient par les points extrêmes et que les parties les plus rapprochées de Lille et de Landau seraient exécutées les premières.

L'urgence avait été déclarée; mais comme les ressources étaient très-limitées et qu'il eût été difficile de conduire simultanément les travaux des deux lignes, il fut décidé que la ligne de Lille serait construite d'abord. Cette ligne était la plus courte, et d'ailleurs le danger était plus grand au nord qu'à l'est.

. Le Comité de salut public jeta immédiatement les bases de la nouvelle administration. Il plaça les télégraphes dans les attributions du ministre de la guerre; mais, pénétré de leur importance, il s'en réserva la direction supérieure et le ministre ne put agir que d'après ses ordres.

Le 4 août, l'ordre fut donné de nommer des commissaires pour diriger les travaux et arrêter les mémoires des dépenses. L'ordonnancement des mandats fut réservé au ministre, jusqu'à concurrence des sommes mises à sa disposition. Dès qu'une dépense imprévue se présentait, il fallait l'autorisation du Comité pour y pourvoir.

L'ingénieur-télégraphe Chappe, placé sous les ordres immédiats du ministre, fut chargé d'établir les plans et les devis des constructions. La plus sévère économie fut ordonnée. L'État était pauvre, le Comité recommanda expressément de ne faire en numéraire que les dépenses rigoureusement indispensables, et de mettre à exécution l'idée émise par Lakanal, dans son rapport à la Convention. On se rappelle que ce député avait proposé d'aménager les stations télégraphiques avec les objets mobiliers appartenant à l'Etat. Le ministre de la guerre se fit délivrer par le ministre de l'intérieur, qui en était détenteur, des tables, chaises, lits, télescopes et toute espèce d'objets renfermés dans les magasins de l'Etat, qui pouvaient être appropriés au service télégraphique et à l'usage des stationnaires. Le Comité de salut public poussa l'économie jusqu'à décider que les télégraphes qui avaient servi aux expériences seraient enlevés et transportés sur la ligne. Il ordonna aussi qu'au fur et à mesure de l'achèvement des stations elles fussent livrées aux employés, afin que ceux-ci pussent s'exercer au service et être ainsi en mesure de fonctionner dès que la ligne entière serait terminée.

Restait à organiser le personnel nécessaire pour diriger les travaux. Sur l'ordre du Comité, le colonel Bouchotte, ministre de la guerre, nomma le citoyen Garnier commissaire du gouvernement près les télégraphes. Garnier ne conserva que peu de temps cette mission, pendant laquelle il ne cessa de se montrer extrêmement favorable à l'institution. Le ministre mit en réquisition Claude Chappe et ses frères Ignace et Pierre ; Abraham , le plus jeune, fut aussi appelé à Paris.

Il était naturel que Claude Chappe réunît autour de lui ses frères, qui avaient consacré leurs peines et une partie de leur fortune à l'accomplissement de l'œuvre qui a fait la gloire de leur nom.

Mais les frères Chappe ne pouvaient à eux seuls se charger de toute l'organisation d'un service nouveau ; Claude demanda à se faire seconder par d'autres personnes, et le ministre fut autorisé à lui adjoindre les citoyens Prosper Delaunay, Brunet et Barcon. Nous connaissons déjà Delaunay, l'auteur du Vocabulaire ; Brunet et Barcon étaient également des amis de Chappe.

Tel fut le noyau du personnel de la télégraphie. Il avait à coup sûr bien plus l'apparence d'une réunion de famille que d'une administration publique.

## IV

Les travaux préparatoires commencèrent aussitôt ; sur la présentation du devis de l'ingénieur, le Comité mit à la disposition du ministère de la guerre 166,240 livres sur les 50 millions dont il disposait en vertu de la loi, pour faire face aux dépenses urgentes, et que pouvait nécessiter le salut du pays.

La distance de Paris à Lille étant de cinquante-huit lieues, le nombre de stations fut fixé à seize. Les dépenses présumées devaient s'élever à 4,000 livres par station. La somme de 166,240 livres, qui devait servir non-seule-ment aux constructions, mais aussi à solder le personnel et les dépenses de la mission de Garnier, pourrait paraître beaucoup trop considérable, si l'on ne se rendait compte de la valeur des signes représentatifs de l'argent à cette époque.

Les assignats (et tous les payements se faisaient alors avec ce papier) avaient déjà perdu 240 pour 100 de leur valeur nominale. Pour arrêter la dépréciation, une loi du 1er août 1793 avait prononcé les peines les plus sévè-res contre quiconque donnerait ou recevrait les assignats à perte. La crainte d'une excessive pénalité, puisqu'il s'a-gissait de vingt ans de fers en cas de récidive, avait fait remonter les cours, sans cependant rendre à l'assignat sa valeur nominale. Pendant les derniers mois de l'année et les premiers de l'année suivante, c'est-à-dire durant le temps à peu près de la construction de la ligne de Paris à

Lille, 100 livres en assignats valurent de 30 à 40 livres en
argent. On voit qu'à ce cours, relativement favorable, la
somme de 166,240 livres ne représentait guère que 80
à 90,000 livres, et ne dépassait pas le total des dépenses
présumées.

Le travail se divisa naturellement en deux parties : la
construction des machines et la construction de la ligne.
Claude Chappe s'occupa spécialement de la partie mécanique, les autres agents furent chargés de la ligne. Tout
dans un pareil établissement était nouveau pour eux, ils
n'avaient à suivre aucuns précédents ; aussi le tracé de la
ligne, le choix des positions furent de véritables études à
entreprendre. Guidés par des principes généraux d'opti-
que et quelques observations météorologiques, ils se mi-
rent courageusement à l'œuvre. Ils eurent tout à faire
par eux-mêmes ; car, qu'on ne l'oublie pas, à cette époque de terreur, l'industrie ne fabriquait que des armes,
le commerce était nul, toutes les transactions arrêtées,
on n'avait à compter que sur ses propres forces. Le gouvernement facilita la mission autant qu'il fut en son pouvoir ; il donna l'autorisation de placer les machines sur
les tours, clochers et autres constructions appartenant
à l'État ou aux communes, de faire abattre ou élaguer
les arbres qui obstruaient le rayon visuel d'une station
à l'autre, et d'établir des constructions sur des terrains
appartenant à des particuliers. Les droits des propriétaires furent garantis, ils reçurent des indemnités cal-
culées, pour les arbres, d'après leur valeur ; et pour les
terrains, d'après le loyer de la partie occupée ; l'indemnité était fixée par des experts nommés par la municipalité et par les propriétaires. Dans ces moments de troubles
et de séditions, il fallait entourer les constructions de la
plus grande sécurité ; le ministre de l'intérieur ordonna

aux municipalités de veiller sur les travaux, et de re-
quérir, au besoin, la force armée pour les défendre.

Des agents s'étaient transportés sur différents points de
la ligne tracée par l'ingénieur-télégraphe, et avaient simultanément commencé les opérations. Dès les premiers
jours, on s'aperçut que les matériaux pour les maçon-
neries et les charpentes manquaient presque partout, les
ouvriers aussi faisaient défaut. Le Comité de salut public
frappa de réquisition tous les matériaux et les hommes
disponibles dans les communes traversées par la ligne;
mais dans un pays où il n'y avait plus rien, la réquisition
elle-même ne pouvait rien apporter, et sans la remarquable persévérance et le courage des inspecteurs (les
agents avaient pris ce titre, qui fut approuvé plus tard), la
ligne n'eût pu de longtemps être terminée.

Les points où les stations durent être élevées furent assez
promptement fixés; mais lorsqu'il fallut s'occuper de la
construction des baraques, les difficultés les plus sérieuses
se présentèrent. Les inspecteurs, ne pouvant d'aucune
manière se faire livrer les matériaux nécessaires, étaient
forcés d'aller eux-mêmes les chercher, après avoir à grand'-
peine embauché quelques ouvriers dans les campagnes.
Il fallait du bois et des pierres, on cherchait le bois dans
les forêts, la pierre dans les carrières; mais alors les
moyens de transport manquaient. Les chevaux étaient
pris pour les armées, et les paysans ne voulaient pas se
séparer de leurs bêtes de trait; puis quand, à force de
prières et de menaces même, on était parvenu à réunir les
matériaux, il fallait commencer les constructions, faire
des échafaudages sans charpentiers, des murs sans maçons.
La truelle à la main, les inspecteurs se voyaient souvent
forcés d'apprendre aux ouvriers la manière de bâtir. Quand
l'ouvrage était à moitié fait, l'ouvrier abandonnait quel-

quefois le chantier, parce qu'il n'était pas régulièrement payé.

L'ingénieur touchait les fonds au ministère de la guerre; mais comme les routes n'étaient pas sûres, il ne les confiait qu'aux agents eux-mêmes. Ceux-ci se rencontraient dans leurs voyages et se remettaient les valeurs de la main à la main, sur parole, sans aucune forme de comptabilité. Souvent l'ingénieur manquait d'argent, et d'un autre côté les assignats étaient, malgré la rigueur de la loi, presque toujours refusés dans les campagnes. La régularité dans les payements était donc impossible, et les ouvriers partaient pour ne plus revenir. Sur certains points les travaux furent suspendus pendant des mois entiers, et lorsqu'après un si long abandon ils étaient repris, leur état de dégradation était tel, que tout était à refaire. On comprend qu'avec un pareil système il fallût près d'un an pour construire une ligne qui, dans des circonstances ordinaires, eût été terminée en trois mois.

Pendant que les inspecteurs travaillaient à la ligne, l'ingénieur, tout en surveillant l'établissement dans son ensemble, s'occupait à Paris de la construction des machines. Il essaya d'établir un atelier de serrurerie et de menuiserie pour faire travailler sous ses yeux, mais il ne put réaliser cette idée que plus tard. Il fut forcé de s'adresser à des artisans et de faire faire sur commande à l'un une pièce de serrurerie, à l'autre un ouvrage de menuiserie. Lorsque toutes les pièces d'une machine étaient prêtes, il les réunissait et allait monter l'appareil sur place.

Quoique la construction des machines fût certainement assez facile, puisqu'il ne s'agissait que de reproduire un certain nombre de fois un appareil donné, elle éprouva néanmoins de grands retards. Les matériaux manquaient, les ouvriers travaillaient avec peu d'assiduité, les agitations extrêmes de la vie politique nuisaient au travail, et trop souvent l'atelier était abandonné pour le club. Mais la difficulté principale consistait à se procurer des métaux, et il en fallait une quantité considérable [1].

Il y avait, on le voit, de sérieux obstacles matériels à surmonter et la bonne volonté de tous fut mise à de rudes épreuves.

Ce n'était pas tout. On se rappelle le mauvais accueil fait aux machines de Chappe par le peuple de Paris. De pareils désordres étaient à craindre sur le parcours de la ligne, et il fallait les empêcher. On commença par armer de fusils les hommes chargés des constructions ; dans les campagnes elles furent généralement respectées, et sauf trois ou quatre exceptions, on n'eut pas à réparer d'accidents dus à la malveillance. Mais les populations des villes se montrèrent très-soucieuses de ces machines qu'elles ne comprenaient pas. Des instructions spéciales furent adressées aux municipalités par le Comité de salut public, et elles ne suffirent pas toujours. A Lille, par exemple, l'agitation fut telle qu'Abraham Chappe dut, sur l'invitation de l'autorité, se produire dans les assemblées populaires, et prononcer des discours pour démontrer le but de la télégraphie, abandonnant ainsi son métier d'inspecteur pour celui d'orateur de club. Le jeune inspecteur réussit à

---

[1] D'après un rapport de Chappe, on demandait pour une machine :

| | | |
|---|---|---|
| Fer | 3,894 1/2 | livres. |
| Fil de fer | 101 | — |
| Fil de laiton | 128 | — |
| Cuivre | 118 | — |
| Plomb laminé | 1,347 1/2 | — |
| Plomb brut | 510 | — |
| Fer-blanc | 120 | feuilles. |
| Tôle | 19 | — |

dissiper les défiances de la foule et poursuivit sans en-
combre ses travaux.

Dès le 9 août, Abraham Chappe avait été envoyé à Lille
pour s'y enfermer en cas de siége, et établir immédiatement des télégraphes aux environs de la place. Sur l'ordre
formel du Comité de salut public, il s'était présenté devant
Lorent-Guyot, représentant du peuple en mission à Lille.
Le représentant le reçut très-bien, l'invita à loger dans les
appartements de la municipalité, et eut pour lui tous les
égards possibles. La protection de Lorent-Guyot facilita la
tâche de l'inspecteur, qui, dans ses rapports, ne cessa de se
louer des bons procédés dont il était entouré. Les autres
inspecteurs n'eurent rien de particulier à signaler à l'égard
de l'accueil qui leur fut fait.

Les inspecteurs correspondaient avec Claude Chappe,
qui demeurait à Paris, quai Voltaire, 23, au coin de la
rue du Bac. Leur correspondance présente un cachet familier et intime ; dans une même lettre ils traitaient les
questions de service et les affaires de famille et d'amitié.
A l'aide de ces rapports et des observations qu'il recueillait
dans ses fréquents voyages sur la ligne, l'ingénieur faisait
tous les dix jours un rapport général sur l'état des travaux
au ministre de la guerre, qui le renvoyait immédiatement
au Comité de salut public.

V

Vers la fin de ventôse an II (mars 1794), les constructions de la ligne furent à peu près achevées.

Son tracé laissait à désirer, le principe de la ligne
droite avait été trop rigoureusement suivi ; on avait
pensé qu'il fallait avant tout établir le moins de stations

possible ; c'était une économie mal entendue, car de cette manière on n'avait que peu profité des accidents de terrain, et beaucoup de stations se trouvaient placées sur des exhaussements de maçonnerie ou de charpente très-dispendieux à établir. Néanmoins pour une première ligne télégraphique établie par des hommes qui ne pouvaient avoir l'expérience de ce genre de travail, et au milieu de circonstances contraires, elle fut certainement un ouvrage remarquable et présentait toutes les conditions qu'on pouvait exiger d'un premier établissement.

Les baraques n'avaient ni la solidité ni l'élégance qu'on leur donna plus tard. C'étaient en général des maisonnettes de forme pyramidale, surmontées de l'échafaudage qui supportait l'appareil.

Les machines, quoiqu'en principe semblables à celles qui ont été conservées, étaient plus grandes, plus massives, plus lourdes et presque entièrement construites en fer.

La manœuvre de l'appareil avait été simplifiée autant que possible et ne différait pas essentiellement de celle qui est devenue réglementaire. On avait déterminé les signaux avec beaucoup de discernement, de manière à les rendre assez nombreux pour satisfaire à tous les besoins de la transmission, sans cependant exposer les employés à une confusion qui eût été préjudiciable à la rapidité du travail.

L'ingénieur apprit la manipulation aux inspecteurs, et ceux-ci à leur tour l'enseignèrent aux stationnaires. La manipulation consistait à faire prendre à la machine 196 positions différentes, sur lesquelles 98 signaux seulement étaient applicables aux dépêches qui se chiffraient d'après un vocabulaire de 9,999 nombres correspondant à autant de mots. Nous donnerons plus tard, avec la description de l'appareil, la manière dont les signaux furent déterminés et nommés et quelques indications sur la manœuvre.

Le Comité de salut public avait chargé Chappe de choisir les stationnaires, à raison de deux par poste, et de quatre pour les postes de Lille et de Paris; mais la délivrance des commissions était réservée au ministre de la guerre. Ces agents furent pris spécialement parmi les anciens militaires blessés et les ouvriers capables de faire les premières réparations à une machine endommagée.

Dans le courant de germinal, presque tous les employés furent à leur poste et purent commencer à s'exercer sérieusement.

## VI

La Convention nationale avait, par un décret du 12 germinal, modifié le système administratif du pays. Les ministères avaient été supprimés et remplacés par douze commissions qui fonctionnaient sous la surveillance des comités.

La télégraphie, considérée comme instrument militaire, avait eu sa place bien marquée au ministère de la guerre, tout en n'intéressant aucun des services spéciaux de ce département.

Le ministère supprimé, elle ne suivit aucune des commissions correspondantes. Considérée comme établissement en voie de construction, elle échut à la Commission des travaux publics, qui n'eut à remplir à son égard que le rôle assez passif de l'ancien ministère de la guerre. Sa mission fut de fournir à l'ingénieur-télégraphe les matériaux et objets qui lui étaient nécessaires, d'examiner les demandes de fonds et les comptes de dépenses, de délivrer des commissions aux employés et de faire des rapports au Comité de salut public.

Quelque temps après, toutes les stations de la ligne de Lille furent en état de fonctionner. Comme il importait d'avoir la tête de la ligne au centre de Paris, le Comité ordonna, le 14 prairial, l'établissement d'un télégraphe au-dessus du grand escalier du Louvre, avec un poste correspondant sur la butte Montmartre. Ce fut la première opération télégraphique dont fut chargée la Commission des travaux publics, et bientôt après, aux yeux des Parisiens étonnés, apparut sur le dôme du Louvre la machine de Chappe peinte aux trois couleurs.

L'ingénieur n'avait point chez lui le répétiteur qui plus tard fut placé dans les bureaux des directions; des fenêtres de son appartement du quai Voltaire, on distinguait parfaitement les signaux de la machine du Louvre et l'on pouvait en prendre note.

Les circonstances qui entourèrent la première dépêche officielle transmise par le télégraphe sont devenues historiques.

Le 15 fructidor an II (1er septembre 1794), de la tour Sainte-Catherine à Lille au dôme du Louvre à Paris, se déployèrent les machines télégraphiques, et de station en station vola, comme sur les ailes des vents, une glorieuse nouvelle.

Quel ne fut pas l'enthousiasme de la Convention, quand Carnot, au nom du Comité de salut public, monta à la tribune et que, d'une voix vibrante et émue : « Citoyens, dit-il, voici le rapport du télégraphe qui nous arrive à l'instant :

« Condé est restitué à la République : la reddition a eu « lieu ce matin à six heures. »

Ces paroles furent couvertes par un tonnerre d'applaudissements. D'un mouvement spontané, les députés se levèrent et avec les tribunes éclatèrent en bravos patriotiques. Un enthousiasme fébrile parcourut la salle, les dissentiments politiques furent oubliés, et une immense et unanime acclamation en l'honneur de la patrie et de l'invention nouvelle retentit dans l'enceinte.

Lorsque le calme se fut rétabli, plusieurs députés prirent la parole.

Gossain. Condé est rendu à la République, changeons le nom qu'il portait en celui de *Nord-Libre*.

Cambon. Je demande que ce décret soit envoyé à Nord-Libre par la voie du télégraphe.

Granet. Je demande qu'en même temps que vous apprenez à Condé par la voie du télégraphe son changement de nom, vous appreniez aussi à la brave armée du Nord qu'elle continue de bien mériter de la patrie.

Toutes ces propositions furent adoptées.

Vers la fin de la séance, le président annonça à l'Assemblée que le télégraphe avait porté à l'armée du Nord les deux décrets rendus.

« Voici, dit-il, la lettre de l'ingénieur-télégraphe :

« Je t'annonce, citoyen président, que les décrets de la « Convention nationale, qui annoncent le changement « du nom de *Condé* en celui de *Nord-Libre* et celui qui « déclare que l'armée du Nord ne cesse de bien mériter « de la patrie sont transmis; j'en ai reçu le signal par « le télégraphe. J'ai chargé mon préposé à Lille de faire « passer ces décrets à Nord-Libre par un courrier extraor- « dinaire. »

La lecture de ce rapport mit l'enthousiasme à son comble, de frénétiques applaudissements l'accueillirent et terminèrent cette séance mémorable pour la télégraphie.

Ce noble début eut en France un immense retentissement. Le succès fut national comme l'invention. A l'étranger, au contraire, en Allemagne surtout, il excita une envie jalouse mal dissimulée dans des pamphlets dont le but était de décrier la machine de Chappe et d'en démontrer l'absurdité. Une brochure publiée dans ce sens, à Leipsick, à six mille exemplaires, fut enlevée rapidement ; elle ne contenait qu'un tissu de mensonges.

A la tête de ce mouvement se trouvait Bergstrasser, l'auteur de la synsématographie, qui écrivait au roi de Prusse : « Au surplus, je crois que les Français n'emploient pas leur télégraphie à autre chose qu'à un but politique; on s'en sert pour amuser les Parisiens, qui, les yeux fixés sur la machine, disent : « Il va, il ne va pas. » On profite de la même occasion pour attirer l'attention de l'Europe, et en venir insensiblement à ses fins. »

A partir de la célèbre journée du 15 fructidor, la ligne de Paris à Lille ne cessa plus de marcher, et le service s'y fit aussi régulièrement que le permirent les circonstances politiques et les accidents météorologiques.

## VII

Conformément aux ordres du Comité de salut public, l'ingénieur-télégraphe présenta un projet d'administration et de règlement, dont presque toutes les dispositions furent mises en pratique immédiatement, bien que l'approbation du gouvernement n'ait eu lieu que le 26 nivôse an III.

L'administration de la ligne de Paris à Lille était placée sous la surveillance de la Commission des travaux publics. Les fonds nécessaires au service faisaient partie de ceux destinés aux travaux publics. Ils étaient ordonnancés par la Commission et délivrés sur les mandats de l'ingénieur.

Le règlement portait sur toutes les parties du service : personnel, matériel, comptabilité, transmission des dépêches.

La direction de tout le service fut confiée à l'ingénieur-télégraphe, agissant sous la surveillance de la Commission.

Le personnel comprenait quatre catégories d'agents, tous nommés par la Commission, sur la présentation de l'ingénieur. Ces agents étaient :

Les préposés aux transmissions,

Les adjoints aux préposés aux transmissions,

Les inspecteurs,

Les stationnaires.

Les préposés aux transmissions avaient pour mission de recevoir, traduire et expédier les dépêches, de tenir un enregistrement exact de tous les signaux passés et d'en envoyer le relevé à l'ingénieur; ils ne devaient ordonner aucune transmission sans une autorisation écrite, à Paris, de l'ingénieur; à Lille, du fonctionnaire représentant le gouvernement. Toutefois, ils avaient l'initiative des dépêches de service relatives à l'administration de la ligne. Leurs appointements étaient de 4,500 livres par an.

Les adjoints aux préposés aux transmissions devaient suppléer et aider le préposé dans son service.

Ils avaient 4,000 livres de traitement.

Dans chacun des deux postes extrêmes il y eut un préposé et un adjoint.

Les inspecteurs, au nombre de deux, furent chargés de la surveillance de la ligne qu'ils devaient parcourir chaque fois que l'ingénieur le jugerait convenable, sans préjudice d'une tournée réglementaire par mois. Leurs fonctions étaient multiples ; ils avaient à surveiller le personnel et le matériel. Intermédiaires entre l'ingénieur et les stationnaires, ils devaient transmettre les ordres à ces derniers, leur donner des instructions et veiller à l'exécution des règlements. Le soin et l'entretien du matériel leur fut confié, ils devaient s'assurer de l'état de la machine et de la baraque, constater les réparations à exécuter, établir le devis des dépenses et le soumettre à l'ingénieur, dont l'approbation était nécessaire pour commencer les travaux. Dans le cas cependant où les dégâts pouvaient nuire à la célérité de la correspondance, ils pouvaient les faire réparer d'urgence, sauf à faire approuver plus tard les dépenses. Ils furent chargés du payement des traitements des stationnaires et du salaire des ouvriers ; l'ingénieur leur faisait à cet effet parvenir des mandats. Tous les mois, à la fin de la tournée, ils devaient faire un rapport général sur la situation de la ligne. Ce rapport devait renfermer toutes les opérations de l'inspecteur, le nom des stations visitées, l'heure de l'entrée et de la sortie du poste, l'état du matériel monté, celui des pièces de rechange, les demandes de matériel, l'état des payements faits ou à faire, le relevé des procès-verbaux des stations et en outre des notes détaillées sur l'exactitude et la conduite des stationnaires, sur les erreurs, les retards et les faux développements dans la transmission ; pour surveiller le travail télégraphique, il leur fut recommandé de se rendre, à l'insu des stationnaires, aux environs des postes et de prendre note des signaux. On alloua aux inspecteurs des appointements de 5,000 livres ; de plus, il leur fut délivré un cheval par les dépôts de remonte, aux mêmes conditions qu'aux officiers de cavalerie. L'entretien du cheval faisait l'objet d'une indemnité spéciale.

Les stationnaires étaient chargés de la manipulation des appareils et de la garde des stations. Choisis autant que possible parmi les ouvriers serruriers et menuisiers, ils devaient faire eux-mêmes les réparations urgentes aux machines; dans le cas où ils ne pouvaient les exécuter, ils devaient s'adresser à des ouvriers, établir l'état des dépenses et le remettre à l'inspecteur qui le réglait après en avoir constaté l'urgence. Les stationnaires furent déclarés responsables de la conservation et de l'entretien des machines, meubles, lunettes, pendules et autres objets du matériel de la station. Lorsqu'un dégât était occasionné par leur négligence, il était réparé à leurs frais. Pour qu'ils pussent veiller avec efficacité à la conservation du poste, il fut ordonné que l'un des deux y resterait toute la nuit et le jour dans l'intervalle des séances. Pendant le travail, les deux devaient être présents. Chaque poste fut, en outre, muni de fusils. La solde des stationnaires fut divisée en appointements et gratifications. Les appointements furent de 1,800 livres, et la gratification annuelle de 400 livres.

Pour maintenir les stationnaires dans l'observation rigoureuse du règlement, il fut établi un système de répression comprenant : la révocation, la suspension provisoire et une retenue d'argent proportionnée à la faute commise. Cependant, comme il importait de ne pas priver les employés d'une rétribution nécessaire à leur existence, il fut décidé que la retenue ne s'exercerait pas sur les appointements, mais sur les 400 livres de gratification. La somme des retenues était, à la fin de l'année, partagée entre les stationnaires les plus méritants.

Les cas prévus par le règlement furent les suivants : les fautes de transmission étaient punies, suivant leur gravité, d'une amende de 8 à 100 livres, et même d'une sus-

pension provisoire ; comme ces fautes ne pouvaient toutes
être constatées par les inspecteurs, il fut ordonné de tenir
dans chaque station un procès-verbal de toutes les opérations et des incidents des séances ; mais la grande majorité des stationnaires ne sachant ni lire ni écrire, cette
partie du règlement ne put être exécutée que beaucoup
plus tard. Le stationnaire qui quittait son poste sans
congé, ou avant d'avoir été remplacé, était privé de la
gratification de l'année entière. Celui qui entravait volon-
tairement le service, en arborant les signaux de suspension, pouvait être destitué.

Ces punitions étaient toutes infligées par l'ingénieur,
sur le rapport des inspecteurs. L'ingénieur avait même
le droit de révoquer les stationnaires, sauf à rendre
compte de cette mesure à la Commission des travaux
publics.

Le service administratif fut confié à Paris à un employé
auquel il fut alloué 3,000 livres d'appointements. Il fut
chargé de la correspondance, des mémoires, des états,
des inventaires de la ligne, et, en outre, du relevé des
procès-verbaux des postes et de leur inscription sur un
registre spécial.

Tel fut en substance le premier règlement de la télégraphie qui n'avait pas de caractère général, mais devait
s'appliquer seulement à la ligne de Lille ; l'esprit qui en
a dicté les articles se retrouve dans toutes les dispositions
qui, depuis cette époque, ont réglementé les services télégraphiques.

Il n'y a pas lieu d'être étonné de la disproportion qui
existait entre les appointements des différentes classes
d'agents, et du salaire de 2,200 livres attribué aux stationnaires. Les inspecteurs, hiérarchiquement inférieurs
aux préposés aux transmissions, avaient plus d'appointe-

ments que ceux-ci, parce qu'ils ne touchaient aucune indemnité de route et de déplacement ; et si les stationnaires avaient un traitement aussi élevé, c'est qu'ils habitaient la campagne, où le papier-monnaie avait toujours un cours inférieur ; 2,200 livres en assignats ne valaient à peu près que 600 à 800 francs en argent.


## VIII


L'administration télégraphique va entrer dans une phase très-difficile. Elle est à peine fondée, et déjà son existence va être sérieusement menacée. Nous entrerons dans les détails de cette période unique, la plus intéressante peut-être de son histoire.

Le 12 vendémiaire an III, le Comité de salut public ordonna par arrêté l'établissement de la ligne de Paris à Landau. La direction des travaux fut encore confiée à Chappe, toujours subordonné à la Commission des travaux publics. La Commission reçut l'ordre de faire commencer immédiatement les études, de préparer un règlement d'organisation, de fixer les appointements et de prendre des mesures pour fournir à l'ingénieur-télégraphe les hommes, l'argent et les matériaux nécessaires. Le Comité demanda qu'un rapport général sur la situation lui fût présenté sous les dix jours.

Le passage des dépêches sur la ligne de Lille se faisait trop lentement au gré du Comité de salut public. Il était effectivement résulté d'une enquête que la moitié à peine des dépêches déposées arrivaient à destination en temps opportun. Cette insuffisance devait être surtout attribuée à l'éloignement des stations, situées à 14 kilomètres en moyenne l'une de l'autre, distance reconnue plus tard en général trop considérable. Le Comité ne s'en prit qu'aux machines, il ordonna que les nouveaux télégraphes seraient construits de telle sorte qu'un nombre de cinq chiffres pût être indiqué par un seul signal, c'est-à-dire que, d'après le vocabulaire alors en usage, un mot ne devait plus à l'avenir exiger qu'un seul développement.

La Commission des travaux publics demanda un rapport complet sur l'organisation des travaux ; l'ingénieur devait : déterminer la position des stations, donner un état de la quantité d'ouvriers, d'instruments et de matériaux nécessaires ; faire le devis des dépenses ; présenter des artistes capables de construire les stations d'après ses ordres, et enfin indiquer dans un règlement les appointements et les fonctions des employés. La Commission communiqua à Chappe les observations du Comité et lui donna l'assurance que le gouvernement userait de tout son pouvoir pour seconder ses efforts, et que les ordres pour la délivrance des fonds et les réquisitions de tout genre seraient donnés après la présentation de son rapport [1].

L'ingénieur-télégraphe demanda deux mois pour établir le tracé et le devis de la ligne de Landau. Ce délai n'était pas trop considérable, la ligne était longue et devait comprendre une cinquantaine de stations. En ce même temps

---

[1] La grande question de la télégraphie de nuit, qui préoccupa plus tard l'administration, fut agitée dès cette époque. Chappe, dans sa pétition à l'Assemblée législative, avait avancé que son système pouvait marcher de jour et de nuit, mais aucune expérience concluante n'avait été faite à l'appui de cette assertion ; aussi, depuis que la ligne de Lille fonctionnait, plusieurs projets d'éclairage avaient-ils été soumis au gouvernement par des personnes étrangères à l'administration. Le Comité de salut public, par déférence pour Chappe, lui fit savoir que de pareils projets lui avaient été présentés et l'invita à produire le sien, pour établir la comparaison. La question ne fut pas alors complétement résolue. Nous reviendrons sur ce sujet.

Chappe s'occupait activement de l'organisation de son personnel.

Découragé par les obstacles qu'il avait rencontrés dans l'établissement de la ligne de Lille, et avant tout du reste homme d'étude et de science, Claude Chappe n'avait aucun goût pour l'administration. Il désirait ne s'occuper que de la partie technique de la télégraphie et laisser à d'autres le soin des affaires administratives. Dans cette pensée, il demanda que de plus larges pouvoirs fussent donnés à ses coopérateurs, et le 12 frimaire an III, Ignace et François Chappe furent nommés *adjoints au citoyen Chappe, leur frère, pour diriger de concert avec lui l'établissement des machines télégraphiques.* Les attributions de ces nouveaux fonctionnaires furent clairement définies; ils furent chargés de la correspondance avec la Commission des travaux publics et avec les employés, de la composition du vocabulaire, de la rédaction des mémoires et des instructions pour les agents, de la direction de la comptabilité, et généralement de l'administration de toutes les branches du service. On délivra à chacun d'eux une commission spéciale en vertu de laquelle ils furent autorisés à signer les mandats pour toucher les fonds affectés aux travaux. Claude Chappe prit, à partir de ce jour, le titre d'ingénieur en chef, mais il ne fut plus que nominalement le chef de l'administration, puisqu'en fait ses deux frères avaient les mêmes pouvoirs que lui.

Le mois précédent, le Comité avait nommé au titre de *surveillant* de la ligne de Landau un homme dont le souvenir vit encore dans l'administration, le citoyen Durand, précédemment inspecteur pour les fortifications.

Jusqu'à cette époque, le siége de la direction des télégraphes avait été l'appartement particulier de Chappe. Comme les services prenaient du développement, on décida qu'un local spécial leur serait attribué, et l'hôtel Villeroy, situé rue de l'Université, nº 9 [1], fut choisi. Chappe et ses frères établirent leur domicile dans cet hôtel, et au mois de nivôse les bureaux y furent installés.

Le règlement pour l'organisation des travaux de la ligne de Landau fut présenté le 11 frimaire.

La ligne était tracée par Châlons, Metz et Strasbourg; pour activer les constructions, elle était partagée en quatre divisions ayant leur chef-lieu dans chacune de ces villes et à Paris.

Le personnel de la division comprenait un chef avec le titre de gérant télégraphique, deux conducteurs et un ouvrier entreposeur.

Chaque gérant avait douze stations à faire construire. Après avoir, de concert avec l'ingénieur en chef, déterminé les positions des stations, il devait faire procéder légalement aux expropriations et à l'estimation des indemnités dues aux propriétaires. Chargé des payements, il recevait les mandats, signait les marchés et établissait le compte général des dépenses de la division. Dans les chefs-lieux de division, un local *national*, fourni par la municipalité ou par l'agent chargé des biens nationaux, était mis à sa disposition pour son logement et pour l'entrepôt des matériaux.

Les conducteurs étaient chargés de parcourir la ligne et de diriger les ouvriers. On leur fournit des chevaux.

L'ouvrier entreposeur gardait les magasins de la division et ajustait les pièces des machines envoyées de Paris.

On délivra aux gérants et aux conducteurs des passeports, des cartes de sûreté et les pouvoirs réquisitoires nécessaires pour se procurer des ouvriers et des matériaux.

---

[1] La rue Neuve-de-l'Université a été percée sur cet emplacement.

Le dépôt de la guerre leur fournit des cartes topographiques, des boussoles et des boîtes de mathématiques.

Les comptes de dépense se divisaient en comptes partiels dressés à la fin de chaque décade, et en comptes définitifs adressés par le gérant à l'ingénieur en chef, pour être déposés à la Commission avec les pièces à l'appui.

Les fonds nécessaires aux travaux de la division de Paris devaient être délivrés sur les mandats de l'ingénieur en chef ou de l'un des deux adjoints.

En province, ils devaient être envoyés par à-compte aux payeurs des départements et délivrés sur les mandats purs et simples des gérants.

Les dépenses de lunettes et autres instruments formaient un chapitre spécial réglé par l'ingénieur en chef.

Les indemnités aux propriétaires étaient aussi payées séparément, ainsi que les frais de déplacement de l'ingénieur, de ses adjoints et des gérants.

Les appointements du personnel furent ainsi fixés par mois :

| | |
|---|---|
| L'ingénieur en chef. . . . . . . . | 600 livres. |
| Les adjoints à l'ingénieur.. . . . | 500 — |
| Les gérants. . . . . . . . . . . . | 400 — |
| Les conducteurs.. . . . . . . . . | 350 — |
| Les ouvriers entreposeurs. . . . . | 350 — |

Dès l'époque de la construction de la ligne de Lille, Chappe avait demandé l'établissement d'ateliers spéciaux, placés sous sa direction, pour la fabrication des machines et principalement des pièces qui ne pouvaient être confiées à l'entreprise. L'ingénieur en chef proposa et obtint d'organiser un atelier de menuiserie et un atelier de serrurerie dirigés par des maîtres ouvriers. Il fut également établi à l'hôtel Villeroy un magasin central, avec un garde.

L'unique employé chargé des écritures de la ligne de

Lille ne pouvant plus suffire, on organisa un service de
bureaux, composé d'un commis principal, de quatre commis expéditionnaires, d'un dessinateur et d'un garçon de
bureau, en même temps portier de l'hôtel.

Le Comité de salut public approuva les dispositions
renfermées dans le règlement; Carnot, qui s'occupait spécialement de la télégraphie, ajouta de sa main, au bas du
rapport, les observations suivantes :

« L'établissement proposé est approuvé; mais il est nécessaire d'apporter dans cet établissement une sévère économie, de réduire les agents et les faux frais au strict
nécessaire, et il faut que les logements qui seront fournis
aux agents, dans les lieux où ils s'établiront, soient sans
superflu. La Commission des travaux publics est, sous sa
responsabilité, chargée de la surveillance la plus exacte
à cet égard pour prévenir les abus, et elle fera cesser les
divers traitements et accessoires de la dépense, aussitôt
que l'établissement sera fini. »

L'établissement ne devait pas être achevé de sitôt, malgré le courage et le zèle avec lesquels les fonctionnaires
luttèrent contre les désordres financiers et les circonstances
politiques d'une époque de révolution.

Le 26 frimaire, la Commission des travaux publics
nomma les gérants et les conducteurs de la ligne.

Ces fonctionnaires avaient été choisis dans les administrations publiques dont les travaux avaient quelques rapports avec les constructions télégraphiques. Tous les conducteurs avaient été architectes, ingénieurs ou inspecteurs
de travaux [1].

---

[1] Nous ne pouvons donner la liste de tous les fonctionnaires qui
furent successivement nommés dans l'administration aérienne. Voici
cependant les noms des agents nommés le 26 frimaire :

*Gérants :* Brunet, Durand, Noutizon, Jordy;

## IX

Ce n'était pas tout que d'organiser le service, il fallait fournir des fonds, approvisionner les magasins, peupler les chantiers.

La Commission des travaux publics se concerta avec la Commission des finances pour le payement des mandats, avec la Commission des transports pour charrier les matériaux lourds par les voitures du train des armées; avec la Commission des poudres et salpêtres pour la fourniture des métaux; malheureusement, les caisses et les magasins étaient vides, et la plupart des ordres restèrent inexécutés.

Mais c'est surtout en matière de finances que les embarras étaient grands. L'histoire de la télégraphie se trouve, pendant toute la Révolution, liée étroitement à l'histoire des finances. Nous serons obligés de suivre le mouvement financier pour nous rendre compte de la plupart des mesures prises à l'égard de l'administration.

La loi contre le trafic des assignats avait redoublé de sévérité, et cependant le papier perdait de plus en plus de sa valeur. Maintenue pendant quelque temps à 60 et 70 pour 100, la dépréciation était bientôt retombée à 250 pour 100; de jour en jour elle augmentait; en nivôse elle était de 400 pour 100, pour augmenter encore plus tard.

On comprend qu'avec de pareilles variations rapportées au prix toujours croissant de toutes choses, il est difficile d'apprécier à leur valeur réelle les différents crédits ou-

*Conducteurs :* Guignet, Malard, Marion, Liger, Desportes, Laguaite, Vedée, Carette.

Les frères de Claude Chappe étaient chargés de différentes missions.

verts à la télégraphie. De nivôse à fructidor an III, ils
s'élevèrent, pour la ligne de Landau, à 5,590,000 livres en
valeur nominale. Cette somme, mandatée sur les caisses
des payeurs, ne fut payée, même en assignats, qu'en
faible partie.

Les agents s'étaient rendus à leur poste. Sur quelques
points des divisions de Paris et de Metz, les travaux purent
être commencés, mais partout ailleurs ils rencontrèrent
des difficultés insurmontables. La réquisition était im-
puissante, et les fonds n'étaient pas délivrés. Les agents
firent des efforts inouïs pour exécuter les ordres pressants
du gouvernement; presque partout leur zèle fut stérile.
Quelquefois ils eurent recours à d'ingénieux expédients
pour se procurer le matériel dont ils avaient besoin : ainsi
l'ingénieur en chef avait demandé à la Commission des
armées 6,165 livres de fil de laiton, la Commission lui en
avait fourni 527 livres. Pour compléter l'approvisionnement, Chappe imagina de remplacer le fil de laiton par
les cordes de métal qui, dans les demeures aristocratiques,
servaient de suspension de lampes. La gérance des biens
nationaux avait entassé dans ses dépôts les mobiliers con-
fisqués; l'ingénieur en chef eut l'autorisation de pénétrer
dans les magasins et de s'y approvisionner; il y trouva
de grandes quantités de cordes, de ferrailles, de plomb,
de bois sec, dont il sut tirer un excellent parti. Le bois
vert qu'on cherchait dans les forêts ne pouvait pas être
utilement employé. Durand, à Metz, eut l'idée d'échanger
ses bois verts contre des bois secs renfermés dans les magasins de l'arsenal. On put aussi tirer, de cette manière,
quelques parties de bois des dépôts de la marine.

Les ateliers de Paris, où une cinquantaine d'ouvriers
se trouvaient réunis, marchaient relativement assez bien.
Le travail, cependant, était souvent interrompu : tantôt

les ouvriers n'étaient pas contents de leur paye, quoiqu'elle eût déjà été augmentée d'un tiers, tantôt le fer et le charbon manquaient. Néanmoins, grâce à l'activité de Chappe, la construction des machines marchait peu à peu et était de beaucoup en avance sur les travaux de la ligne.

Les employés, plus encore que les constructions, souffraient du manque d'argent. Les stationnaires de la ligne de Lille mouraient de faim avec leurs 6 livres d'assignats par jour. Pour empêcher les désertions, le Comité de salut public accorda, le 11 thermidor, aux agents des divisions de l'Est, et le 19 fructidor, à ceux de la ligne du Nord, une fourniture en nature de 1 livre 1/2 de pain et de 1/2 livre de viande par jour et par homme. Cette faveur n'était accordée qu'à un très-petit nombre d'employés civils.

Le Comité de salut public ne désespérait de rien. En présence d'une ligne qui marchait péniblement et de travaux arrêtés, il décréta, le 8 floréal, que la ligne du Nord serait prolongée jusqu'à Ostende d'un côté, et de l'autre jusqu'à Bruxelles. Nos armées victorieuses avaient envahi la Belgique; ne fallait-il pas porter les télégraphes sur les nouvelles frontières? Le prolongement sur Ostende fut dirigé par Dunkerque; la ramification de Bruxelles, partant de Lille, devait être établie au moyen de télégraphes ambulants.

La ligne d'Ostende avait été décrétée sur la demande de la marine. Les frais de premier établissement, ainsi que ceux de service et d'entretien, devaient être à la charge de l'administration maritime.

Nous sommes arrivés à la fin de l'an III. La Convention va disparaître de la scène politique, et avec elle les Comités et les Commissions.

## X

La Convention nationale se sépara le 4 brumaire an **IV**, et la Constitution dite de l'an III fut mise en vigueur.

Les ministères furent rétablis par le Directoire le 14 brumaire.

Les lignes télégraphiques, rendues au ministère de la guerre, furent placées par le ministre, général Aubert-Dubayet, dans la division du matériel du génie, qui avait pour chef le général de brigade Milet-Mureau. C'est donc avec ces généraux que l'ingénieur en chef correspond maintenant pour tout ce qui concerne l'administration, les travaux et les demandes de fonds.

Le nouveau gouvernement, en prenant la direction des affaires, trouva la télégraphie dans un triste état, qui devait empirer encore. La situation financière, en effet, était loin de s'améliorer.

La planche aux assignats fonctionnait jour et nuit; mais plus les émissions devenaient considérables, plus la dépréciation augmentait; elle arriva bientôt à un degré tel, que 100 livres en assignats valurent à peine 4 ou 5 sous. Il est inutile d'ajouter que le prix des objets de consommation augmentait dans des proportions effrayantes.

Le Directoire fut assailli, par les administrations publiques, d'unanimes réclamations. Pour empêcher la désorganisation de tous les services, il ordonna une augmentation générale en raison inverse du chiffre des appointements, c'est-à-dire que les traitements reçurent une augmentation d'autant plus grande qu'ils étaient plus faibles. Cette mesure, sage si elle eût été sérieusement appliquée, mais en fait de peu d'importance, puisque les assignats n'avaient presque pas de valeur, fut étendue à tous les agents du gouvernement, à l'exception de ceux qui touchaient en nature des rations de pain et de viande. Les employés de la télégraphie étaient dans cette catégorie; cependant, sur leur vive réclamation, le ministre fixa ainsi les appointements par mois, avec rappel du 1er frimaire, en appliquant le principe posé par le Directoire : ingénieur en chef, 6,000 livres; adjoint, 5,000; inspecteurs et gérants, 4,500; conducteurs, 3,600; stationnaires, 2,000. Le bénéfice de cette augmentation fut imperceptible, les appointements mensuels des stationnaires, nominalement de 2,000 livres, représentaient à peine 3 fr. 60 c. en monnaie actuelle.

Nous avons dit que le Comité de salut public avait ouvert à la télégraphie divers crédits montant à 5,390,000 livres. Une partie seulement de cette somme avait été payée sur la demande de l'ingénieur en chef, la partie intacte de ce crédit fut confirmée et de nouveaux crédits furent accordés. Ces crédits s'élevèrent, pour les machines de la ligne de Landau, à 2 millions; pour celles de l'embranchement d'Ostende à 500,000 livres, pour les télégraphes ambulants à 96,500 livres. Le chapitre des travaux de la ligne de Landau fut crédité de 9,600,000 livres, et celui de la ligne de Lille de 1 million. Le Directoire approuva le compte général et reconnut, par un arrêté du 27 pluviôse an IV, qu'il était dû à la télégraphie 13,196,500 livres. Tous ces millions n'enrichissaient pas l'administration; le gouvernement ne l'ignorait pas, car dès le mois de brumaire il avait ordonné que des remises en numéraire seraient faites aux divisions de la ligne de Landau. Ces crédits furent successivement élevés; à la fin de l'an IV ils montaient à 90,000 livres. Quelques à-compte seulement furent payés : les travaux s'en ressentirent et reprirent avec quelque activité; mais bientôt ces faibles ressources furent épuisées.

En face de cette situation financière, voici quel était l'état des lignes et des travaux. La ligne de Lille fonctionnait péniblement, beaucoup de stations avaient besoin de réparations urgentes, et les stationnaires, mécontents, faisaient le service de mauvaise grâce. Les machines de l'embranchement de Dunkerque étaient presque achevées, mais les constructions n'étaient pas commencées. Quelques télégraphes ambulants pour la ligne de Bruxelles étaient montés. Dans la direction de l'Est, les travaux étaient commencés jusqu'à Strasbourg; au delà il n'y avait rien de fait. La partie mécanique était très-avancée.

L'ingénieur en chef n'avait pas assez d'argent pour achever les constructions commencées, il ne pouvait songer à entreprendre de nouveaux travaux. Le personnel de Strasbourg fut supprimé et la division réunie à celle de Metz. On pensait qu'au besoin la ligne pourrait être complétée au moyen de télégraphes ambulants.

Le Directoire se préoccupait cependant de la télégraphie. Il ne cessait de recommander au ministre de la guerre la surveillance la plus active et l'emploi de tous les moyens possibles pour faire avancer les travaux. On reconnaissait dans ces décisions la présence de Carnot, toujours attentif à la marche de l'administration qu'il avait fondée.

Quelques bonnes mesures furent prises en faveur du personnel et du matériel. Le 11 ventôse, le Directoire arrêta qu'en raison d'un service qui exigeait une présence permanente dans les postes ou sur la ligne, les employés de la télégraphie seraient exemptés de tous les services de la force armée sédentaire. Cette disposition n'a jamais été abrogée.

Les bâtiments occupés par les machines, les agents et

les magasins de la télégraphie furent, le 8 prairial, exceptés de la vente des biens nationaux.

Ces divers arrêtés auraient pu contribuer à fortifier le service, si la faillite de l'État n'était venue jeter dans le plus grand trouble les administrations publiques et le pays tout entier.

Les assignats avaient fait leur temps. Le Directoire ordonna la démonétisation des 40 milliards émis et leur rentrée dans les caisses de l'État à 1 pour 100 de la valeur nominale. On a vu que l'immense dépréciation de ce papier avait eu la plus funeste influence sur la télégraphie.

Le Directoire créa un nouveau papier appelé le *mandat territorial*. Dès la première émission, qui fut de 600 millions, le mandat perdit 65 pour 100; trois mois après, 100 livres en mandats valurent 7 livres 10 sous. Les émissions atteignirent promptement 2 milliards, et la dépréciation arriva à un tel point, qu'un mandat de 100 livres était reçu avec difficulté pour un payement de 15 à 20 sous.

Au moment de ce changement dans la forme du papier, le ministre de la guerre décida qu'à partir du 1er vendémiaire an V, les employés de la télégraphie seraient payés moitié en numéraire ou valeur représentative, moitié en mandats territoriaux à leur valeur nominale. Pour permettre ce mode de payement, il avait été ordonnancé, pour la division de Paris, 32,740 livres en numéraire, sans préjudice du numéraire destiné précédemment à Châlons et à Metz. Le ministre, par le même arrêté, supprima la fourniture des rations en nature. Cette mesure mit le comble à la situation. Les bons de numéraire n'étaient payés qu'en très-faible partie, les mandats territoriaux n'avaient presque pas de valeur; la ration, quoique insuffisante pour des employés dont la plupart avaient une famille à soutenir, était la seule rétribution ; en la supprimant, on privait les agents de moyens d'existence.

En présence d'une pareille situation, l'ingénieur en chef prit le seul parti possible pour sauver le personnel strictement nécessaire. Les travaux furent partout arrêtés ; les emplois devenus sans objet à la suite de cette mesure furent supprimés, afin de pouvoir reporter sur les fonctions indispensables l'argent économisé.

Le 21 brumaire an V, les gérants et conducteurs de la division de Dunkerque, ceux de la division de Châlons, le dessinateur, tous les employés des bureaux, moins deux, furent supprimés. La division de Châlons fut nominalement réunie à celle de Paris.

Mais les économies furent insuffisantes. Le 7 fructidor, de nouvelles suppressions devinrent indispensables. Toute la ligne de Landau fut abandonnée, les ateliers de Paris furent dissous.

Un employé de bureau, le garde-magasin, un mécanicien, un serrurier et le concierge furent seuls conservés.

Deux gérants, Durand et Brunet, furent aussi maintenus pour procéder à la liquidation générale des sommes dues aux ouvriers.

Les ouvrages commencés ne furent ni entretenus ni consolidés. Les matériaux abandonnés dans les chantiers furent en partie volés, en partie détériorés. Pour ne citer qu'un exemple de cet état d'abandon : à Metz, la toiture du bâtiment des séances des administrateurs du département avait été enlevée pour faire place à l'échafaudage du télégraphe ; l'échafaudage ne fut pas élevé et, malgré toutes les réclamations, le toit ne fut pas replacé ; les administrateurs durent aller siéger ailleurs.

Ces suppressions n'améliorèrent pas la situation ; depuis le mois de floréal, les mandats territoriaux avaient disparu à leur tour, et l'argent était seul reçu en payement, mais l'argent était très-rare, et plus que jamais les mandats restaient impayés. A la fin de l'an V, les employés de la ligne de Lille n'avaient pas été payés depuis six mois. C'en était fait des lignes télégraphiques, elles allaient disparaître pour longtemps peut-être, quand un événement fortuit vint arrêter la ruine qui les menaçait.

Le congrès de Rastadt s'était réuni. Le Directoire, voulant suivre de près les délibérations, ordonna, en brumaire an VI, la construction immédiate et d'urgence de la ligne de Paris à Strasbourg et, ce qui valut mieux, fit délivrer des fonds en numéraire.

Les employés licenciés furent rappelés, le service réorganisé, les travaux repris. La ligne fut élevée comme par enchantement; en cinq mois elle fut achevée.

Une ligne ainsi improvisée ne pouvait pas être parfaite; les constructions, toutes en bois, n'étaient pas solides, et tout y était provisoire. Elle s'étendait sur une longueur de 60 myriamètres et comprenait 46 postes. Les dépenses s'élevèrent à 176,000 francs, en grande partie payés dans l'année. 32,000 francs seulement furent reportés aux exercices suivants.

Le service de la ligne fut organisé sur les bases du règlement de l'an III, mais avec quelques modifications. Tous les agents étaient à la nomination de l'administration; les adjoints aux préposés aux transmissions remplissaient en même temps les fonctions d'inspecteurs; un courrier spécial à l'administration était attaché à la ligne.

## XI

Par l'inauguration de la ligne de Strasbourg, les lignes télégraphiques étaient sorties de leur spécialité militaire. Le Directoire les enleva au ministère de la guerre et les plaça, le 11 nivôse, au ministère de l'intérieur. Le ministre les mit dans la troisième division du ministère, au bureau des bâtiments civils. Le ministère de la guerre continua cependant à fournir quelques fonds à la télégraphie.

Le passage de la télégraphie au ministère de la guerre n'avait pas été heureux. Le ministre de l'intérieur hérita d'une situation qui ne put être améliorée qu'au fur et à mesure des événements qui devaient rendre au pays une situation plus prospère.

Nous avons dit que les mandats territoriaux avaient subi le sort des assignats et que les affaires ne se faisaient plus qu'en argent. Au moment où la télégraphie passa au ministère de l'intérieur, le compte général se présentait ainsi : les crédits fictifs des millions ouverts du temps des assignats furent regardés comme non avenus ; les crédits sérieux, ceux qui devaient être payés en numéraire, furent seuls conservés ; les dettes de la ligne de Landau s'élevaient à 42,672 francs ; il était dû en outre 15,808 francs aux employés de la ligne de Lille. Le ministre de la guerre avait précédemment autorisé l'ingénieur en chef à vendre une partie de plomb restant en magasin, pour pouvoir solder les agents ; la vente du plomb avait rapporté 10,722 francs, le ministre compléta la somme, et les employés furent payés.

Sur la demande de l'administration de la marine, un

décret avait été rendu par le Comité de salut public, qui prolongeait jusqu'à Ostende la ligne de Lille. Le prolongement avait été exécuté jusqu'à Dunkerque et fonctionnait. Frappé des services que la télégraphie pouvait rendre, le ministre de la marine résolut de relier à Paris le principal port de guerre de la France. Il ordonna, avec l'autorisation du Directoire, la construction d'une ligne télégraphique de Paris à Brest, avec embranchement sur Saint-Malo. La ligne fut construite d'après les données de Chappe, mais sous la surveillance et aux frais de la marine, qui pendant deux ans resta chargée de son administration et de son entretien. La ligne de Brest, ordonnée en germinal an **VI**, fut terminée en sept mois. Elle comprenait 55 postes sur une longueur de 87 myriamètres. Les dépenses s'élevèrent à 301,359 fr. 80 c., dont plus des trois quarts furent assez promptement payés. C'était un bel établissement télégraphique, qui témoignait de ce que l'on aurait pu faire précédemment. Les baraques, solidement bâties en maçonnerie, contenaient un logement pour les stationnaires. De cinq postes en cinq postes, il fut possible d'installer des stationnaires plus instruits que leurs collègues et chargés de la tenue des procès-verbaux des signaux passés. Les employés se ressentirent de la bienveillante administration de la marine, ils furent en général assez régulièrement payés, plus heureux sous ce rapport que leurs collègues des autres lignes.

Il importait, pour le bien du service, de donner une organisation uniforme au moins aux lignes télégraphiques d'un même ministère. Le 11 brumaire an VII, un règlement général fut proposé par Claude Chappe et approuvé par le ministre de l'intérieur.

A la tête de l'administration se trouvaient des administrateurs avec les pouvoirs les plus larges. Leur autorité s'étendait à toutes les parties du service. Ils nommaient et révoquaient les employés.

L'unité administrative était la division. Dans chaque division il y avait un préposé aux transmissions, un inspecteur et deux stationnaires suppléants.

Les fonctions étaient celles des règlements précédents, les appointements annuels de 5,000 francs pour les préposés et les inspecteurs, de 1,080 francs pour les stationnaires suppléants, et de 900 francs pour les stationnaires de la ligne.

Le service des bureaux était fait par sept employés, dont les appointements variaient de 2,400 à 3,600 francs.

La télégraphie aérienne a toujours été une télégraphie purement politique. Il n'entrait cependant pas dans les idées de son inventeur de l'appliquer uniquement aux besoins du gouvernement. Lorsque Claude Chappe fit hommage à l'État de son télégraphe, il pensait que l'État pourvoirait au moins aux frais de l'exploitation ; les événements le détrompèrent : les fonds venant à manquer, l'œuvre fut menacée, elle fut même sur le point de disparaître. Chappe alors, après avoir épuisé tous les moyens, songea à faire vivre la télégraphie d'elle-même, il eut l'idée d'une télégraphie privée. Le ministre, averti, demanda un mémoire. Le mémoire fut présenté en nivôse an VII; Chappe pensait que les commerçants des villes de l'intérieur de la France en communication avec les grands ports de mer pourraient tirer de très-grands avantages de la connaissance presque immédiate des arrivages, que ce serait un avantage pour les banquiers de connaître rapidement le cours des changes des places étrangères, et que certainement les recettes effectuées par les dépêches particulières couvriraient les frais de toute l'administration.

La première condition pour la mise en pratique d'une

télégraphie privée productive est l'extension d'un réseau aux grands centres industriels et commerçants. La télégraphie aérienne était-elle susceptible d'un pareil développement, et dans ce cas le service de l'État, dans bien des circonstances, n'eût-il pas empêché totalement la correspondance privée? Les revenus eussent-ils couvert les frais? Les gouvernements ne l'ont pas pensé, puisqu'à aucune époque il ne fut donné suite au projet de Chappe.

Le gouvernement s'occupait du moins d'étendre le réseau politique. Il ordonna une ligne dirigée sur le Midi par Dijon et Lyon, et, au mois de messidor, la ligne de Strasbourg fut prolongée jusqu'à Huningue par quatorze stations. Les postes durent être très-rapprochés ; ils étaient situés dans la vallée du Rhin, fréquemment chargée de brouillards.

Les dépêches de ces nouvelles lignes se composaient d'après le vocabulaire de 1795. On se rappelle que, lors du décret de la ligne de Landau, le Comité de salut public avait recommandé à l'ingénieur-télégraphe de construire un appareil pouvant transmettre un mot par un seul signal ; Chappe n'avait aucune modification à apporter à son appareil, il tourna la difficulté : au lieu de changer l'appareil, il changea le vocabulaire.

Le télégraphe de Chappe présentait, déduction faite des signaux de service, un ensemble de 92 signaux parfaitement distincts, applicables à la transmission des dépêches. Ce nombre de 92 fut la base du nouveau système de langage chiffré. Le vocabulaire fut composé de 92 pages à 92 mots par page ; on eut ainsi 8,464 mots ; ce nombre paraissant insuffisant, on composa trois vocabulaires de la même façon. Le premier renfermait les mots usuels, le second était phrasique et s'appliquait au service de la guerre et de la marine, le troisième était géographique.

Le but n'était pas complétement atteint; il fallait, en effet, au moins deux signaux pour indiquer un mot, le signal de la page et celui du mot. Ce système, qui fut adopté dès l'an IV, était préférable au vocabulaire primitif de 9,999 nombres.

L'état des finances ne s'était pas amélioré pendant l'an VII, et la position des employés de la télégraphie était toujours mauvaise. Leurs appointements étaient en retard d'une année entière. Ainsi, à la fin de l'an VII, l'arriéré montait à 67,000 francs pour l'an VI et à 143,250 francs pour l'an VII. Une pareille situation était intolérable, le service fut menacé d'une désorganisation totale; la télégraphie était encore à la veille de sa ruine, quand, le 8 vendémiaire an VIII, le Directoire, sur le rapport du ministre de l'intérieur, prit un arrêté appuyé de considérants dans lesquels il disait :

« Que le service des lignes télégraphiques était aussi important au maintien de la République que celui des armées;

« Que, s'il était urgent de pourvoir au payement de la solde des défenseurs de la patrie, il ne l'était pas moins de faire payer le montant des appointements qui sont dus aux préposés à la transmission télégraphique :

« Que, si cette mesure était réclamée par la justice et l'humanité, elle était impérieusement commandée par l'intérêt public;

« Et qu'enfin le seul moyen de préserver les lignes télégraphiques de la désorganisation totale était de faire jouir les stationnaires de leur traitement, dont le retard les exposait à toutes les horreurs de la misère et les forçait d'abandonner leurs postes. »

L'arrêté mettait à la disposition du ministre une somme de 12,000 francs par décade, jusqu'à concurrence de celle de **210,250** francs. Si cette mesure eût été exécutée, il eût fallu six mois pour liquider tout l'arriéré.

L'arrêté du 8 vendémiaire an VIII est le dernier acte télégraphique du Directoire. Les cinq années que dura ce gouvernement sont certainement les plus pénibles qu'ait eu à traverser la télégraphie. Il fut un moment où elle faillit disparaître ; le Directoire n'arrêtait pas sa chute, lorsqu'un événement heureux, le congrès de Rastadt, vint la sauver. Nous avons assez insisté sur cette triste période pour n'y point revenir ; constatons cependant qu'en dépit des circonstances, le Directoire augmenta le réseau de deux grandes lignes et de deux embranchements.

## XII

L'influence réparatrice du **18** brumaire ne se fit pas sentir immédiatement sur la télégraphie ; ce ne fut qu'un an plus tard que les consuls s'occupèrent de cette branche de l'administration.

Par un arrêté du **28** brumaire an IX, toutes les lignes télégraphiques furent mises dans les attributions du ministre de l'intérieur et placées dans la division des ponts et chaussées. Chaptal était alors ministre, et le conseiller d'Etat, Cretet, était chargé de la division des ponts et chaussées.

Cette mesure, réclamée depuis longtemps déjà par l'administration, était naturelle et ne pouvait être oubliée dans le programme des réformes administratives adopté par le premier Consul. A la suite de l'arrêté, le ministère de la marine cessa d'être chargé de l'entretien de la ligne de Brest et de l'embranchement de Lille à Dunkerque, mais ce département n'en continua pas moins à fournir

des fonds à la télégraphie, comme le faisait déjà le ministère de la guerre.

Le compte général de la télégraphie se présentait chargé
d'un déficit considérable au commencement de l'an IX.
En l'établissant, nous donnons le résultat général de tous
les exercices précédents.

Trois lignes étaient en fonctions : celle du Nord, celle
de l'Est et celle de la Bretagne ; la ligne du Midi par Lyon
était en construction, et un embranchement de la ligne
de l'Est sur Lunéville était projeté.

Les frais de premier établissement de la ligne du Nord
étaient entièrement soldés, mais il restait à payer sur les
lignes de Brest et de Strasbourg la somme de 136,512 francs.
Pour compléter la ligne du Midi et la mettre en activité
en six mois, il était demandé 95,640 francs ; l'embranchement de Lunéville exigeait 10,000 francs ; il y avait
aussi un arriéré de 232,152 francs sur les lignes construites
ou en construction.

Ce n'était pas tout ; la dette sur les appointements du
personnel, reconnue par l'arrêté du Directoire, n'avait été
éteinte qu'en faible partie, et malgré la misère des employés et les fréquentes promesses de les soulager, les
appointements de l'année précédente étaient en retard de
plusieurs mois ; l'ensemble de l'arriéré dû au personnel
montait à 262,212 francs.

Le compte général se soldait donc par une dette de
494,364 francs. Les frais d'entretien et de service s'é-
taient élevés, pour l'an VIII, à 435,866 francs, et devaient être, après l'achèvement des travaux projetés, de
530,539 francs.

On peut conclure des chiffres qui précèdent que d'année en année, et malgré les décrets, les arrêtés et les pro-

messes du gouvernement, la situation financière de l'administration télégraphique devenait de plus en plus mauvaise; une réforme radicale était indispensable; cette réforme, le premier Consul l'opéra.

Le 3 nivôse an IX, un arrêté reconnut la dette de 494,364 francs et en autorisa l'extinction par annuités de 50,000 francs; le même arrêté réduisit le crédit annuel, pour le service de toutes les lignes, à une somme fixe de 150,000 francs.

Réduire un budget de dépenses des trois quarts était sans doute un remède violent; il sembla aux administrateurs que la dernière heure de la télégraphie avait encore une fois sonné; l'arrêté cependant, loin d'affaiblir l'administration, la fortifiait, en liquidant son passé et en lui assurant pour l'avenir des ressources faibles, il est vrai, mais suffisantes à la rigueur pour soutenir le service sur les lignes en activité.

La volonté du premier Consul était immuable; les réclamations échouèrent, et il fallut se contenter du crédit de 150,000 francs. Une réorganisation fut immédiatement opérée; la ligne de Lyon fut abandonnée et les appointements du personnel notablement diminués; les préposés aux transmissions furent réduits de 5,000 à 3,000 francs et prirent le nom de directeurs; les inspecteurs furent supprimés, leurs fonctions furent remplies par des *premiers stationnaires*; ces agents faisaient partie des postes extrêmes, et dans l'intervalle des inspections ils devaient prendre part à la manipulation; ils eurent 4 francs de salaire par jour, sans aucune indemnité; les stationnaires des grands postes furent réduits à 1 fr. 50 par jour et ceux de la ligne à 1 franc. On se proposa de prendre pour stationnaires des invalides, qui touchaient déjà une pension de retraite; les frais d'administration furent réduits à

16,230 francs, et ceux d'entretien et de bureau à 14,860 francs [1].

L'administrateur en chef n'opérait qu'à contre-cœur de pareilles réductions d'appointements. Dans sa pensée, le crédit de 150,000 francs était complétement insuffisant ; quelques semaines avant le décret, il avait préparé un projet d'administration, et dans ses prévisions, le budget de la télégraphie s'élevait à plus du double de la somme allouée. Lorsqu'il vit que le crédit était irrévocablement fixé, il songea de nouveau à exploiter les produits dont la télégraphie lui paraissait susceptible ; il proposa, en conséquence, au ministre d'appliquer les télégraphes : 1° aux affaires d'industrie, de commerce et de banque ; 2° à l'exploitation d'un journal ; 3° aux opérations de la loterie nationale.

L'idée de la télégraphie privée était celle qui avait été proposée au Directoire, mais plus large, plus générale. Ainsi Chappe rêvait un réseau européen ; selon lui, Paris pouvait et devait être mis en communication avec les grands ports de mer de l'Europe, notamment avec Amsterdam, Cadix et Londres. Dans le développement de ce projet, Chappe affirmait posséder un moyen de correspondre de Calais à Douvres *secrètement et sans signal apparent*. Il était réservé à la télégraphie électrique de réaliser ce rêve.

Le journal devait être une feuille officielle imprimée à Paris et expédiée par la poste en province. A son arrivée dans les villes pourvues de télégraphes, on y aurait ajouté

[1] Voici les noms de quelques-uns des fonctionnaires de la télégraphie à cette époque :

*Bureaux :* Herbet, Oudaille.

*Lignes :* Lair, Kelsch, Cornillau, Colchen, Sohier, Castel, Dachou, Chavialle, Desportes, Saulnier, Rogelet.

un bulletin télégraphique expédié le matin même de Paris,
donnant le résumé des nouvelles du jour et approuvé par
le premier Consul. Le produit des abonnements d'un pareil journal, toujours en avance pour les nouvelles de
deux ou trois jours, à une époque fertile en événements,
devait être considérable, selon Chappe, et même suffire à
couvrir les frais de service et d'entretien de toutes les lignes télégraphiques. L'idée du journal était, à la rigueur,
praticable, mais il était chimérique de supposer que le
produit atteindrait 337,000 francs, somme jugée nécessaire par Chappe pour soutenir les trois lignes construites.

L'application de la télégraphie à la loterie nationale
était plus facile. Il s'était établi en province des bureaux clandestins de loterie qui émettaient des billets dans
l'intervalle de temps qui s'écoulait entre la clôture des
bureaux officiels et la publication des numéros gagnants.
Ces bureaux attiraient ainsi dans leurs caisses des sommes
que les joueurs n'eussent pas manqué de verser dans les
caisses de l'Etat pour le tirage suivant; or, il était clair
que, si la publication des numéros sortis pouvait avoir lieu
en province le jour même du tirage à Paris, la spéculation
fructueuse des offices particuliers se trouverait ainsi em-
pêchée : le télégraphe pouvait donner ce moyen. D'un
autre côté, en transmettant immédiatement le résultat du
tirage, le télégraphe pouvait donner plus de latitude pour
combiner les mises et exciterait alors, disait Chappe, la
cupidité des joueurs, qui prendraient plus de billets.
Chappe n'évaluait pas à moins de plusieurs millions le
bénéfice annuel que l'administration de la loterie devait
tirer du concours de la télégraphie.

De ces trois projets, un seul devait être mis à exécution :
ce fut celui de la loterie. Nous ne connaissons pas les
chiffres des bénéfices que l'administration de la loterie

réalisa, grâce à cette combinaison ; mais il y a lieu de
croire qu'elle fut satisfaite des résultats, car, pendant de
longues années, elle subventionna la télégraphie, et telle
ligne, celle de Strasbourg, par exemple, n'eut pendant
longtemps d'autres ressources pour ses frais de service et
d'entretien que les bons de la loterie sur les caisses des
départements.

XIII [1]

A partir du commencement de ce siècle, la marche de
l'administration des télégraphes est devenue régulière.
Nous ne verrons plus de ces incidents qui mettaient en
jeu son existence, mais bien le fonctionnement presque
toujours calme et tranquille d'une administration dont le
sort, garanti par un budget régulier, ne peut plus être à
la merci des événements. Dès lors, l'intérêt qui s'attache
aux pas chancelants d'une institution naissante faiblit
peut-être, et les détails deviennent, par suite, moins nécessaires et presque superflus.

Le développement du réseau télégraphique ne prit pas
sous l'empire une extension aussi considérable qu'auraient pu le faire supposer les premiers travaux accomplis.
L'empereur Napoléon appréciait pourtant la télégraphie à
sa juste valeur ; il avait ordonné que les dépêches fussent
remises à lui-même, et lorsqu'il quittait Paris, il dési-
gnait le grand dignitaire auquel la correspondance télégraphique devait être adressée.

Il paraît même que l'Empereur conçut le vaste projet
de réunir par des lignes télégraphiques tous les chefs-

[1] Les documents à partir de cette époque manquent presque totalement, nous ne pourrons plus entrer dans autant de détails que
précédemment.

lieux de l'empire à la capitale; mais ce projet ne reçut même pas un commencement d'exécution [1].

Au point de vue militaire, il est évident que l'Empereur faisait la guerre à une trop grande distance de la France pour pouvoir utilement appliquer les télégraphes à ses opérations : l'idée des télégraphes ambulants ayant été abandonnée, il devenait matériellement impossible d'établir des lignes permanentes à la suite des armées françaises en mouvement dans presque toute l'Europe. Mais s'il ne fallait pas songer à prolonger nos lignes jusque dans les pays lointains occupés par nos armées, on pouvait du moins les établir sur les territoires qui semblaient définitivement réunis à l'empire. L'Empereur ordonna que la ligne de Lyon fût achevée et prolongée par Turin jusqu'à Milan. Cette ligne, supérieure à toutes les autres par son tracé et sa construction, fut mise en activité en 1805.

Claude Chappe ne vit pas cette belle application de son invention. Il mourut le 25 janvier 1805, de mort volontaire : une douloureuse maladie, qui ne lui laissait plus de repos depuis quelques années, le détermina à mettre fin à ses jours. L'histoire des premières années de l'administration des télégraphes est l'histoire même de Claude Chappe, car toutes les questions relatives à la télégraphie furent pour lui des affaires personnelles. Claude Chappe personnifie aujourd'hui la télégraphie aérienne; mais, à l'époque, la primauté de l'invention lui fut chaudement disputée ; nous avons dit, au commencement de ce travail, quel a été le rôle de Chappe dans l'invention

[1] Nous n'avons, à l'égard de ce projet, d'autres renseignements que ceux qui se trouvent dans le travail de M. Pélicier sur la télégraphie privée, inséré dans le numéro des *Annales télégraphiques* de septembre-octobre 1858.

du télégraphe aérien; nous n'avons donc pas à insister davantage sur la vie et les travaux de cet homme remarquable.

Ignace et Pierre Chappe succédèrent à leur frère comme administrateurs des lignes télégraphiques. Ils administrèrent conjointement, avec égalité de pouvoirs et d'attributions.

Abraham Chappe était attaché à l'état-major impérial ; il fut chargé par l'Empereur, en 1804, pendant le camp de Boulogne, d'étudier le moyen d'établir un télégraphe de nuit pour communiquer des côtes de France à celles d'Angleterre. L'œuvre était difficile ; il fallait, pour percer les brouillards de la mer, une lumière très-intense : on pensa l'obtenir par un mélange d'hydrogène et d'oxygène, dont la flamme devait être projetée sur une plaque de carbonate de chaux. Si cette lumière eût été suffisante, il est douteux que le système eût pu devenir pratique, car de quel danger n'eût pas été pour l'approvisionnement un mélange aussi inflammable? Il n'y eut pas lieu, du reste, de donner suite aux expériences, l'expédition n'ayant pas été faite.

Il nous a paru curieux de noter ce projet de l'Empereur, au point de vue historique. Peut-être pourrait-il devenir un argument de plus contre l'opinion de ceux qui croient que l'idée d'une descente en Angleterre ne fut jamais sérieuse chez l'Empereur, et que le camp de Boulogne n'était qu'une fausse démonstration et un prétexte à la réunion d'une puissante armée.

L'expérience avait consacré la télégraphie aérienne ; la science ne tarda pas à la juger. Dans son rapport décennal de 1808, l'Académie des sciences s'exprima en ces termes sur cette invention :

« Le télégraphe, né en France, imité presque aussitôt

par tous les peuples voisins, est remarquable sous deux
points de vue : le premier, comme moyen de transmettre
les signaux, et, dans ce cas, il présente facilité et simplicité dans l'exécution ; il est capable, par sa force, de résister aux plus grands vents et se dessine parfaitement
dans l'atmosphère, où il peut devenir visible pendant la
nuit, si l'on y adapte des feux ; enfin, le nombre des positions qu'il peut prendre est suffisant pour donner une
quantité très-considérable de signaux.

« Sous le deuxième point de vue, le télégraphe est également recommandable par la langue simple et nécessairement exacte à laquelle il a donné naissance.

« L'expression d'un mot ou d'une phrase n'exige qu'un
signal, et la rapidité avec laquelle on le transmet est, pour
ainsi dire, égale à la parole.

« Celui de Claude Chappe, premier inventeur, a successivement acquis toutes ces qualités; le levier moteur prend
sous la main, et dans l'instant, la forme et la position
qu'on veut donner à la partie extérieure, et cet instrument utile ne laisse rien à désirer. »


## XIV


Il ne fut pas, à vrai dire, créé sous l'empire de lignes
télégraphiques nouvelles, mais les anciennes lignes reçurent des prolongements importants. La ligne du Nord, qui
avait déjà un embranchement sur Boulogne, fut prolongée, en 1809, sur Anvers et Flessingue, et en 1810 sur
Amsterdam. Dans la même année, la ligne d'Italie, qui
s'arrêtait à Milan, fut étendue jusqu'à Venise, avec embranchement sur Mantoue.

L'administration des lignes était régie par les anciens
règlements, mais l'organisation du personnel avait subi

des changements avantageux. La division était toujours l'unité administrative; elle comprenait : un directeur, aux appointements de 4,000 à 4,500 francs ; un inspecteur, avec 2,000 francs de traitement, et un nombre de stationnaires suffisant [1]. Les stationnaires avaient 1 franc et 1 fr. 25 de salaire par jour; sur certaines lignes, il y avait des surnuméraires avec une indemnité journalière de 25 centimes.

La direction centrale se composait de deux administrateurs, aux appointements de 8,000 francs, et d'une dizaine d'employés de bureau, qui avaient de 1,800 francs à 4,500 francs de traitement.

Les fonds nécessaires à l'exploitation et à l'administration des lignes ne constituaient pas un chapitre spécial au budget ; ils s'étaient élevés, en quelques années, de 150,000 à 360,000 francs, et étaient fournis, dans certaines proportions, par les ministères de l'intérieur, de la guerre et de la marine, et par l'administration de la loterie.

En temps de paix, ou lorsque la guerre se faisait dans des pays éloignés, la télégraphie ne servait qu'aux dépêches d'administration intérieure et à celles de la loterie : l'Empereur alors ne s'en préoccupait pas beaucoup ; cependant, en prévision du cas où il aurait à en tirer parti, il avait toujours conservé Abraham Chappe dans son état-major. Ce cas ne tarda pas à se présenter; lorsqu'après la campagne de Russie l'Empereur vit que l'ennemi s'avançait, et que les armées françaises, comme aux premières années de la République, devaient suppléer au nombre par la rapidité des marches, il songea aussitôt à mettre

[1] Voici encore les noms de quelques directeurs et inspecteurs à cette époque :

Flocou, Lefebvre, Vimont, Laguérinière, Desroys, Offroy, Négrier. Lafolie, Evain, Doucieux, Grosselain, Campain, Lefloche.

en usage les ressources de la télégraphie. Le 13 mars 1813, il ordonna que la ligne de l'Est serait prolongée jusqu'à Mayence, par un embranchement partant de Metz.

L'Empereur recommanda que tout fût mis en œuvre pour accélérer les constructions. L'administration mit en mouvement ses meilleurs agents ; ils rencontrèrent les obstacles qui avaient retardé les premiers travaux télégraphiques : les entrepreneurs ne se présentaient pas, les fournisseurs voulaient être payés comptant, les mandats étaient payés avec retard. Mais tout le monde, dans l'administration, comprit l'immense importance de la ligne, et on vit alors des directeurs et des inspecteurs, animés d'une patriotique ardeur, avancer de l'argent sur leur propre bourse et travailler aux constructions comme de simples manœuvres.

L'Empereur témoignait la plus vive impatience. Tous les jours, il demandait au grand maréchal du palais des nouvelles de l'état de la ligne ; il faisait écrire très-fréquemment au ministre de l'intérieur, trouvait que rien ne marchait assez vite et montrait le plus grand mécontentement à chaque nouveau retard. L'administration, cependant, ne pouvait se hâter davantage ; elle déployait une activité inconnue jusqu'alors dans ses travaux : tous étaient à l'œuvre, et les machines, fabriquées à Paris, étaient expédiées en poste à leurs destinations.

Enfin, le 29 mai, la première communication fut échangée entre Metz et Mayence. On avait réellement accompli un prodige : en deux mois et quelques jours, une ligne de 225 kilomètres avait été construite [1]. La ligne avait coûté 105,000 francs.

Mais la ligne de Mayence ne devait pas fonctionner

---

[1] Les déviations avaient prolongé la ligne de 80 kilomètres.

longtemps. Bientôt nos armées battirent en retraite ; les fonctionnaires de la télégraphie, toujours à l'extrême arrière-garde, le fusil à la main, défendirent leurs postes jusqu'à la dernière extrémité et ne se retirèrent devant l'ennemi qui s'avançait qu'après avoir mis le feu aux machines télégraphiques. Plusieurs d'entre eux payèrent de la vie ou de la liberté cet héroïque accomplissement du devoir.

A la suite de nos revers, le nombre des stations télégraphiques fut considérablement diminué, et les fonctionnaires et agents furent nécessairement réduits en proportion. Les stationnaires des postes supprimés ne reçurent aucune indemnité ; mais il fut alloué trois mois d'appointements aux directeurs et inspecteurs licenciés.

Pendant les cent-jours, Carnot occupa le ministère de l'intérieur. L'administration se ressentit de la présence de l'homme qui avait toujours porté un grand intérêt à la télégraphie. Le 19 juin 1815, le ministre décida que les établissements télégraphiques seraient placés sous la responsabilité des communes, et que les dispositions de la loi du 10 vendémiaire an IV seraient applicables dans le cas où ces établissements seraient dégradés ou détruits par la malveillance.

La loi du 10 vendémiaire an IV rend la commune responsable des délits commis par des attroupements armés ou non armés, soit envers les personnes, soit envers les propriétés nationales et privées ; il eût, sans doute, été difficile aux communes d'exercer une surveillance active sur les stations télégraphiques, situées souvent à des distances éloignées des centres de population ; la décision ministérielle avait pour but de couvrir les postes télégraphiques d'une protection morale presque toujours efficace ; cette mesure avait, du reste, été provoquée par des agressions à main armée dont plusieurs postes avaient été l'objet.

Les administrateurs s'empressèrent de profiter des bonnes dispositions de Carnot pour reprendre un projet adopté en l'an XII, mais qui n'avait pas été mis à exécution. Ils proposèrent un réseau maritime destiné à relier entre eux Brest, Cherbourg et Toulon. Le devis fut établi ; mais le projet s'évanouit avec la dernière période de l'ère impériale.

## XV

Le gouvernement du roi Louis XVIII maintint dans leurs fonctions les administrateurs des lignes télégraphiques, malgré les dénonciations dont ils furent l'objet. Presque tous les employés furent aussi conservés ; les directeurs et les inspecteurs des lignes situées dans les pays cédés, qui avaient été licenciés, furent rappelés à mesure des besoins du service ; quant aux stationnaires, beaucoup d'entre eux appartenaient au pays même où ils avaient exercé.

Les lignes furent modifiées suivant nos nouvelles frontières. Strasbourg et Lyon devinrent les têtes des lignes de l'Est et du Sud-Est, la ligne du Nord subit un changement plus important : l'embranchement de Boulogne, exclusivement militaire sous l'empire, fut supprimé, et il fut créé en janvier 1816 une nouvelle ligne sur Calais par Saint-Omer. Le port de Calais avait acquis une grande importance comme passage de dépêches et de voyageurs depuis la reprise de nos relations avec l'Angleterre ; il était nécessaire de le mettre en communication rapide avec Paris.

On songea, vers la même époque, à appliquer la télégraphie d'une manière efficace au maintien de la paix intérieure du royaume. Un rapport fut soumis au roi pour la division de la garde royale, seule force regardée comme sûre, en cinq cantonnements situés dans un rayon de quinze à vingt lieues de Paris ; au centre de chaque cantonnement devait aboutir une ligne télégraphique partant de Paris ; en cas d'insurrection la garde devait, au premier signal, partir en poste pour se porter vers le lieu menacé. Ce projet ne fut pas exécuté.

La persévérance était l'un des principaux caractères de l'ancienne administration télégraphique ; lorsqu'un plan avait été adopté, l'administration le poursuivait avec une rare persistance. Dès qu'ils entrevirent la plus légère chance de succès, les administrateurs reprirent leur projet d'étendre les lignes télégraphiques jusqu'aux grands ports militaires ; ils proposèrent aussi une nouvelle ligne sur Bordeaux, en se fondant sur la résidence du duc d'Angoulème dans le Midi. Le roi s'étant montré favorable à ces projets, le ministre les prit en sérieuse considération, tout au moins quant à la ligne de Lyon à Toulon et à celle de Saint-Malo à Cherbourg. Le devis fut établi, les dépenses devaient monter à 240,000 francs : le ministre ajourna l'exécution à l'année suivante en se retranchant derrière la question d'argent, question toujours importante. mais que le vote des budgets par la Chambre des députés venait encore compliquer.

Le projet fut repris en 1819 et donna lieu à un incident financier, qui mérite quelques détails.

Se conformant aux précédents, le ministre de l'intérieur prit à sa charge la moitié de la somme de 240,000 francs ; il s'adressa pour la seconde moitié au ministre de la marine et au ministre de la guerre, et demanda à chacun d'eux 60,000 francs. Il écrivit aussi à l'administration de la loterie pour obtenir sa participation.

Le ministère de la marine avait le plus grand intérêt à l'exécution du réseau maritime ; en des temps plus difficiles il avait fait construire à ses frais la ligne de Brest ; l'expérience avait montré les importants services que la télégraphie pouvait rendre, et il était facile de prévoir les bénéfices considérables de temps et d'argent qu'amènerait une communication rapide entre les ports militaires de la Manche, de l'Océan et de la Méditerranée. Le ministre accepta avec empressement la proposition de son collègue de l'intérieur, et mit à sa disposition les 60,000 francs demandés.

Il n'en fut pas de même au ministère de la guerre. Le ministre refusa en se fondant sur ce principe, qu'il était contraire aux règles d'ordre administratif et de comptabilité financière que plusieurs ministères contribuassent aux dépenses relatives à une seule et même entreprise, et que, les travaux publics étant à la charge d'un seul département, les télégraphes, qui en faisaient partie, devaient naturellement être à la charge de ce même département. Le ministre ajouta qu'au surplus on ne pourrait trouver, depuis l'établissement des lignes télégraphiques, un seul cas militaire ou politique où les télégraphes eussent été dans le cas d'exercer sur le résultat des événements une influence décisive, et que particulièrement les lignes proposées ne seraient pas un objet de nécessité pour le ministère de la guerre, mais une simple commodité insuffisante pour motiver la participation du département.

L'administration de la loterie fit une réponse analogue : oubliant que, pendant longtemps, elle avait fourni près de 100,000 francs par an à la télégraphie, elle prétendit que les dépêches télégraphiques ne lui servaient à rien et ne l'empêchaient pas d'entretenir des courriers spéciaux. Elle consentit, cependant, à donner 4 à 5,000 francs par an, mais à titre de gratification pour les employés.

La question resta en souffrance pendant près de deux ans; le Conseil des ministres en fut saisi en septembre 1821. il jugea que les dépenses d'un ministère devaient être supportées par ce ministère seul, et décida que la ligne de Lyon à Toulon, commencée par le ministère de l'intérieur, serait achevée au compte de ce département. Le 14 décembre, la ligne fonctionna.

L'année suivante, la ligne du Sud-Ouest fut ordonnée. Elle ne devait plus s'arrêter à Bordeaux, mais à Bayonne : le tracé, qui donna lieu à d'assez vives discussions, fut arrêté par Orléans, Poitiers, Angoulême et Bordeaux. C'est sur la demande expresse du ministère de la guerre, et en vue de l'expédition d'Espagne, que la ligne du Midi fut exécutée ; dès qu'elle fut achevée, en avril 1823, l'administration de la loterie insista pour que les numéros des tirages fussent transmis par télégraphe. Il suffit d'indiquer ce fait pour faire apprécier la valeur des singuliers arguments imaginés en 1819, en réponse aux demandes de fonds.

Le ministre de la marine avait demandé le tracé de la ligne du Midi par Nantes et Rochefort ; lorsque la ligne fut construite, il réclama un embranchement sur ces deux ports, et la construction de la ligne de Saint-Malo à Cherbourg. Les administrateurs demandèrent aussi l'établissement d'une nouvelle ligne d'Avignon à Perpignan, par Nîmes et Montpellier ; ils en motivaient la nécessité sur l'état d'agitation religieuse qui régnait dans ces contrées. Toutes ces lignes furent admises en principe, mais l'exécution en fut ajournée.

## XVI

Un arrêté du 19 avril 1820 plaça les lignes télégraphiques dans les attributions de la direction générale de l'administration départementale et de la police du royaume. Déjà, depuis deux ou trois ans, les documents de la télégraphie portaient le timbre de cette direction ; mais, en fait, l'administration des télégraphes ne cessa de relever de la direction des ponts et chaussées que dirigeait M. Becquet, conseiller d'Etat, pour ce qui concernait les demandes de fonds et l'établissement des lignes, et d'elle-même seulement pour tout ce qui était d'administration proprement dite.

Ignace et Pierre Chappe, qui, depuis 1805, administraient la télégraphie, furent, en 1823, admis à faire valoir leurs droits à la retraite. Comme témoignage de reconnaissance pour leurs longs et loyaux services, l'intégralité de leurs appointements, qui étaient de 10,000 francs, leur fut conservée.

Le comte de Kerespertz fut nommé premier administrateur des lignes télégraphiques, tandis que Chappe-Chaumont et Chappe des Arcis, les deux autres frères de Claude Chappe, ne furent promus que second et troisième administrateurs [1]. C'était là une disgrâce qui s'explique par le crédit dont jouissait M. de Kerespertz, et peut-être aussi par le genre d'administration des frères Chappe.

Les anciens règlements de la télégraphie étaient depuis longtemps tombés en désuétude, et les frères Chappe,

---

[1] On se souvient que Claude Chappe avait eu quatre frères : Ignace, Pierre, René et Abraham. Nous avons conservé aux deux derniers les noms sous lesquels ils étaient connus dans l'administration.

devenus tout-puissants, administraient sans contrôle et sans autres règles que celles qu'ils jugeaient utiles au bien du service. Ils n'avaient conservé de rapports avec le ministère que pour les demandes de fonds et les constructions de lignes ; hors de là, ils affectaient la plus grande indépendance ; cet état de choses était certainement irrégulier, mais les frères Chappe étaient de bonne foi ; ils regardaient la télégraphie comme leur patrimoine, comme un privilége attaché à leur nom, comme une récompense des services rendus par leur famille ; ils pensaient, du reste, que le pouvoir le plus absolu était nécessaire pour diriger un service dont la régularité pouvait être compromise par le fait d'un seul agent. Chappe-Chaumont et Chappe des Arcis étaient à tous égards dans les mêmes sentiments, et ils ne tardèrent pas à le prouver.

Lorsque la révolution de 1830 éclata, le comte de Kerespertz, qui de ses fonctions se contentait du titre, se retira aussitôt. Le gouvernement, voulant s'assurer le concours de la télégraphie, nomma M. Marchal, député, commissaire du gouvernement près les télégraphes ; les frères Chappe regardèrent cette nomination comme une atteinte à leurs droits, et, conséquents avec leurs principes, ils se retirèrent malgré les instances de M. Marchal [1].

Une ordonnance royale du mois d'octobre régularisa la position, en nommant M. Marchal administrateur provisoire sous le contrôle de la direction générale des ponts et chaussées, et en admettant Chappe-Chaumont à la retraite [2].

C'est ainsi que cette famille, qui s'était groupée autour

[1] M. Marchal demandait uniquement aux frères Chappe de renoncer aux nominations des inspecteurs et des directeurs.

[2] Chappe-Chaumont dirigeait seul la télégraphie, son frère s'en occupait fort peu.

du premier télégraphe élevé par Claude Chappe, quitta une administration dont elle était l'âme. Nous avons dit les sacrifices qu'elle sut s'imposer, le courage et la persévérance qu'elle ne cessa de déployer pour faire triompher le télégraphe des obstacles qui entravaient son essor ; nous pouvons en deux mots caractériser son genre d'administration : loyauté, sévérité, tels étaient ses principes. Le pays n'a pas oublié les services qu'elle rendit pendant près de quarante ans, et pour toujours le nom populaire de Chappe sera, comme il l'est aujourd'hui, le symbole du télégraphe aérien français.

L'administration garde aussi le souvenir respectable des anciens serviteurs de la télégraphie, Herbet, Oudaille, Lair, Kelsch, Durant, Chavialle, Offroy, Flocon, Jourdan, Bourgoing, Varangot, et d'autres encore qui, en des temps difficiles, associèrent leur sort au télégraphe aérien, et qui lui ont consacré toute une existence de travail.

## XVII

Le 19 mai 1830, la direction générale des ponts et chaussées avait été détachée du ministère de l'intérieur, pour être placée au ministère des travaux publics de nouvelle formation. Après la révolution de Juillet, les ponts et chaussées redevinrent une direction générale du ministère de l'intérieur jusqu'au 15 mars 1831, date de la réorganisation du ministère des travaux publics. La télégraphie ne fit pas partie longtemps du nouveau ministère ; une ordonnance royale du 28 mai 1831 la fit rentrer dans les attributions du ministre de l'intérieur, président du Conseil : elle devint alors une administration complétement distincte, relevant directement du cabinet du ministre.

La mission de M. Marchal cessa le 31 mai, et M. Alphonse Foy fut nommé administrateur en chef des lignes télégraphiques ; deux fonctionnaires supérieurs lui furent adjoints en qualité de premier et de second administrateurs adjoints.

Une organisation générale était, du reste, devenue nécessaire ; il importait de faire revivre en partie les anciens reglements et de déterminer d'une manière positive les attributions.

Une ordonnance du roi Louis-Philippe, en date du 24 août 1833, réglementa le service de la télégraphie de la manière suivante :

Le personnel central fut composé d'un administrateur en chef, ayant la signature et la responsabilité des actes de l'administration ; d'un premier et d'un second administrateurs adjoints, suppléant au besoin l'administrateur en chef, et chargés spécialement de la surveillance, l'un du personnel, l'autre du matériel, et tous deux devant faire des inspections générales [1] ; d'un traducteur en chef, chef du bureau des dépêches ; d'un traducteur adjoint et de deux secrétaires ; de trois chefs de bureau, personnel, matériel, comptabilité, et d'un nombre suffisant d'employés de bureaux. Un Conseil supérieur, composé des administrateurs et des chefs de bureau, quand les affaires étaient de leur compétence, fut institué pour délibérer sur toutes les questions relatives au service.

Le personnel des lignes comprit trois classes de directeurs, d'inspecteurs et de stationnaires, et de plus des élèves inspecteurs : ceux-ci étaient recrutés parmi les élèves de l'École polytechnique désignés pour un service public, ou bien par voie d'examen, ou bien encore dans

[1] Les fonctions d'administrateurs adjoints furent remplies, de 1833 à 1848, par MM. Allart, Herbet, Floxon, Lemaître, Alexandre et Perrot d'Estivareilles.

les rangs des stationnaires de première classe. Les administrateurs étaient nommés par le roi, les stationnaires et les employés des bureaux par l'administrateur en chef, tous les autres fonctionnaires par le ministre, sur la présentation de l'administrateur.

Un serment politique et professionnel fut exigé des fonctionnaires qui s'occupaient des dépêches.

L'organisation était excellente : basée sur le règlement de l'an III, elle centralisait entre les mains du directeur, chef du service de la division, le contrôle du travail des inspecteurs et des stationnaires ; plus équitable que le règlement républicain, elle donnait à tous des moyens d'avancement.

Depuis quelques années, des entreprises de télégraphie s'étaient créées. Les cours de la Bourse avaient été clandestinement transmis sur la ligne de Bordeaux, et une véritable exploitation de dépêches privées fonctionnait de Paris à Rouen. Le gouvernement s'émut de cet état de choses et résolut de le faire cesser.

Aucune loi ne donnait à l'État le monopole de la transmission des signaux ; mais, en fait, le monopole était acquis depuis l'établissement du premier télégraphe. La Convention, en donnant à Claude Chappe le titre officiel d'ingénieur-télégraphe, et en considérant les agents des télégraphes comme employés de l'État, avait en réalité pris possession de la télégraphie. Au surplus, de tout temps le droit de transmettre et de communiquer les dépêches par la voie la plus prompte avait appartenu au pouvoir ; les estafettes, les courriers, les postes avaient toujours été des droits réguliers de la souveraineté ; il ne pouvait être dérogé à ce principe pour la télégraphie, moyen de communication plus précieux que les autres ; mais, en réalité, aucune

loi n'avait consacré ce privilége. Le gouvernement présenta,
en 1837, un projet de loi dans ce sens à la Chambre des
députés. « Les gouvernements, disait l'exposé des motifs,
se sont constamment réservé la disposition exclusive des
objets qui, tombés en de mauvaises mains, peuvent me-
nacer la sûreté publique ou privée ; les poisons, les poudres ne sont débités que par autorisation de l'Etat, et
certes, la télégraphie entre des mains malveillantes pouvait
devenir une arme des plus dangereuses ; que serait-il arrivé, en effet, si le succès momentané de l'insurrection de
Lyon eût été connu aussitôt sur tous les points du territoire ? » Il ajoutait que la liberté des entreprises télégraphiques dégénérerait bientôt en privilége entre les mains
des entrepreneurs, par suite des frais considérables de
l'exploitation et du travail limité des lignes. « Ce travail
limité, disait le ministre, exclut toute comparaison avec
les postes, qui sont à la disposition de tout le monde ; par
la poste, toutes les lettres partent et arrivent simultanément, il y a libre concurrence pour tous ; en télégraphie,
il n'en est pas de même, les dépêches arrivent successivement ; l'effet de la première dépêche peut être produit
avant l'arrivée de la seconde : il y a donc privilége pour
celui qui obtiendra la priorité : le seul moyen d'empêcher
le monopole, c'est de l'attribuer au gouvernement. Puis
un contrôle serait impossible : on ne pourrait empêcher
de donner un sens caché à une phrase, le gouvernement a déjà été trompé ; dans les rares occasions où il a
consenti à passer des dépêches, qu'il croyait d'un intérêt
très-urgent pour les familles, il n'a parfois servi que la
spéculation. »

Pour tous ces motifs d'ordre public, de morale et de
libre concurrence, la Chambre vota la loi qui fut promulguée le 5 mai 1837. Cette loi « punit d'un emprisonne-

ment d'un mois à un an et d'une amende de 1,000 à 10,000 francs quiconque transmettra, sans autorisation, des signaux d'un lieu à un autre, soit à l'aide de machines télégraphiques, soit par tout autre moyen, » et dit que le tribunal ordonnera la destruction des postes et des machines ou moyens de transmission.

La loi, en accordant le monopole des télégraphes au gouvernement, lui laisse la faculté d'autoriser des télégraphes particuliers. Ces autorisations ne furent guère concédées en télégraphie aérienne que pour les expériences des nouveaux systèmes qui ne cessaient de se produire.

## XVIII

Avant 1850, les lignes télégraphiques ne formaient pas un véritable réseau : c'étaient des lignes qui rayonnaient de Paris vers les extrémités du territoire, construites à des époques très-éloignées les unes des autres et pour des besoins spéciaux. Après la révolution de Juillet, l'administration conçut un plan d'ensemble, qu'elle se proposa de réaliser au fur et à mesure que les Chambres accorderaient les crédits nécessaires.

La télégraphie avait des partisans, mais aussi quelques adversaires dans la Chambre des députés ; le vote des crédits donnait lieu à des discussions contradictoires qui portaient tantôt sur des détails d'administration, tantôt sur les principes mêmes de la télégraphie. M. Alphonse Foy, qui dans quelques sessions, comme député, puis en qualité de commissaire du gouvernement, soutenait, après le ministre, les projets de loi ou de crédit, dut plusieurs fois céder devant des amendements défavorables.

Le plan général de l'administration consistait dans la création d'une ligne nouvelle de Paris au Havre et d'un

système de lignes concentriques destinées à relier entre
elles les lignes rayonnantes. L'utilité des lignes concentriques était incontestable : outre l'extension qu'elles donnaient au réseau par leur propre tracé et par les embranchements qu'elles pouvaient faciliter, elles offraient le
grand avantage de permettre aux dépêches de s'écouler
par une voie différente lorsque la voie directe se trouvait
encombrée ou en dérangement.

Trois de ces lignes étaient projetées : la première devait
relier la ligne de Paris à Toulon à celle de Bayonne par
Avignon, Montpellier, Toulouse et Bordeaux ; la seconde,
partant de Dijon, devait aboutir par Strasbourg en passant par Besançon, et la troisième, se détachant de la ligne
de l'Est à Metz, se serait dirigée sur Boulogne par Valenciennes et Lille, et de Boulogne aurait gagné la ligne de
l'Ouest à Avranches, en passant par Caen et en coupant
la ligne projetée de Paris au Havre. Le plan, parfaitement
raisonné, donnait à une dépêche deux voies au moins
pour arriver à destination, et faisait entrer dans le réseau
les places fortes des frontières du Nord, les centres commerçants du littoral de la Manche et les villes importantes du
Midi ; des embranchements spéciaux devaient rattacher
Cherbourg, Boulogne, Nantes et Perpignan. Ce projet ne
devait pas être exécuté en entier, car la Chambre des députés n'accorda les crédits que successivement et avec par-
cimonie.

Ce fut par la ligne du Sud que l'exécution commença.

La section d'Avignon à Montpellier fut terminée en
mars 1832, et celle de Montpellier à Bordeaux, en août
1834. Les embranchements de Nantes et de Cherbourg
furent votés en 1833; celui de Perpignan, la même année.

A la fin de 1841, on construisit de Calais à Boulogne
une ligne destinée spécialement au service des dépêches

d'Angleterre. En 1842, la ligne de jonction de Dijon à Strasbourg fut commencée, mais elle ne s'étendit pas au delà de Besançon.

Dans la session de 1844, le gouvernement présenta à la Chambre des députés le projet des lignes de Paris au Havre et de Metz à Avranches ; mais le projet de loi ne fut même pas mis en discussion, il arrivait trop tard. Le réseau de la télégraphie aérienne ne devait plus s'accroître en France : il était arrivé à son maximum de développement[1].

Au moyen d'un budget de 1,130,000 francs et de près de 5,000 kilomètres de lignes jalonnées de 534 stations, vingt-neuf villes étaient alors en correspondance avec Paris, c'étaient :

Lille, Calais, Boulogne ;

Châlons, Metz, Strasbourg :

Dijon. Besançon, Lyon, Valence, Avignon. Marseille, Toulon :

Tours, Poitiers, Angoulème, Bordeaux, Bayonne ;

Agen, Toulouse, Narbonne, Perpignan, Montpellier, Nîmes :

Avranches, Cherbourg, Brest, Rennes, Nantes.

Toutes ces villes étaient loin d'avoir la même importance politique ; l'expérience avait démontré la nécessité de couper les lignes par des stations intermédiaires, qui permettaient de rectifier les fausses transmissions, et de jeter à la poste les dépêches empêchées de poursuivre leur route par l'état de la ligne.

La télégraphie aérienne était déjà presque condamnée en France, lorsque le gouvernement résolut de l'établir en Algérie. Il est inutile de faire ressortir les avan-

[1] La ligne de Bayonne fut prolongée en 1846 jusqu'à la frontière d'Espagne.

lages que pouvait offrir un réseau télégraphique, tant
pour les opérations militaires que pour l'administration,
dans un pays étendu, peu habité, et dont la soumission
était très-incomplète.

Le génie militaire avait ébauché dès 1837 une correspondance télégraphique entre Alger et le camp de
Boufarik ; mais, lorsque la conquête s'étendit, on comprit
la nécessité de lignes sérieuses, et surtout d'un système
télégraphique plus perfectionné.

Le ministre de la guerre s'adressa, en 1842, au ministre de l'intérieur, pour obtenir l'envoi en Afrique d'un
fonctionnaire de l'administration des télégraphes, chargé
d'aller étudier l'établissement de grandes lignes, et d'organiser le personnel nécessaire pour le service. M. Alexandre
fut chargé de cette mission, et, au mois de juin 1844, le
ministre de la guerre prit un arrêté pour l'organisation
définitive de la télégraphie dans toute la colonie.

Le réseau algérien fut construit de 1844 à 1854 ; M. César
Lair dirigea les travaux et organisa les services pendant
toute cette période. Les lignes partant d'Alger desservaient
vers l'ouest et le sud-ouest : Blidah, Milianah, Medeah,
Cherchel, Tenez, Orléansville, Mostaganem, Oran, Sidi-
Bel-Abbès et Tlemcen ; vers l'est : Aumale, Dellis, Bougie,
Sétif, Constantine, Philippeville, Guelma, Bône, et enfin
vers le sud-est : Batna et Biskara.

Les travaux furent exécutés par le génie militaire, sous
la direction de fonctionnaires de l'administration télégraphique ; ils ne se firent pas sans danger, et souvent plusieurs
bataillons durent accompagner et protéger les travailleurs.

Les postes télégraphiques appropriés au pays différèrent
notablement des stations françaises ; c'étaient en général
des blockhaus flanqués aux angles de deux petits bastions,
et défendus extérieurement par un tambour en palissade

percé de meurtrières ; un pareil ouvrage, avec cinq ou six défenseurs, pouvait résister aux attaques des malfaiteurs ; contre toutes les prévisions, il n'y eut jamais lieu de mettre ces fortifications à l'épreuve. Les stations étaient aussi plus éloignées en général les unes des autres qu'en France : la pureté de l'atmosphère permit de les distancer de 10 à 12 kilomètres en moyenne. Les machines télégraphiques, simplifiées par M. César Lair, étaient plus faciles à manœuvrer et à établir ; nous en donnons plus loin la description. Le vocabulaire avait subi des réformes judicieuses, qui permirent d'accélérer d'une manière sensible le passage des dépêches. Le personnel se recrutait en grande partie parmi les militaires congédiés qu'un long séjour en Afrique avait habitués au climat et aux mœurs du pays.

La télégraphie d'Afrique, quoique établie sur les mêmes principes qu'en France, forma en quelque sorte une télégraphie nouvelle : pendant quinze ans, elle fonctionna avec le plus grand succès, et dans toutes les circonstances elle satisfit pleinement à tous les besoins du service ; M. César Lair, qui l'avait organisée, obtint de lui substituer la télégraphie électrique, et, en 1859, le dernier poste aérien fut démoli par celui même qui avait fait construire la première station en 1844.

## XIX

Nous approchons des dernières années de la télégraphie aérienne ; avant d'aborder cette période, il nous paraît nécessaire de donner quelques détails sur le télégraphe aérien proprement dit [1].

[1] Nous n'entrerons pas dans les détails mécaniques : nous essayerons seulement de donner une idée générale d'un service peu connu de ceux qui n'y ont pas été attachés.

La partie extérieure du télégraphe, celle qui servait aux signaux, était composée de trois pièces : un *régulateur* et deux *indicateurs* [1]. Ces pièces avaient la forme d'un rectangle allongé, et étaient garnies de lames de persiennes brunies et inclinées, la moitié dans un sens, l'autre moitié dans le sens contraire.

La branche principale, le régulateur, était fixée sur axe par son centre, au haut d'un échafaudage s'élevant du toit d'une maisonnette où se tenait l'employé. Les indicateurs se trouvaient aux deux bouts du régulateur, fixés sur axe par une de leurs extrémités ; une queue invisible à distance était destinée à faire contre-poids à la partie rectangulaire. Ces trois pièces avaient un mouvement indépendant, et pouvaient se mouvoir dans le plan vertical. Le mouvement était transmis par l'intermédiaire de cordes en laiton et de poulies de renvoi, au moyen d'une barre et de deux manivelles formant dans l'intérieur des postes un appareil semblable au télégraphe extérieur. L'employé manœuvrait à la main cet appareil, et les signaux étaient reproduits par le télégraphe extérieur.

Les positions que le télégraphe pouvait prendre étaient très-nombreuses ; mais Chappe eut soin de les déterminer, afin de les rendre bien distinctes et d'éviter toute confusion.

Les positions du régulateur furent réduites à quatre : la verticale, l'horizontale, l'oblique de droite et l'oblique de gauche, formant entre elles des angles de 45 degrés.

Supposons le régulateur dans la position horizontale, et faisons tourner l'indicateur en l'arrêtant de 45 en 45 degrés, nous obtiendrons 8 positions pour cette pièce : trois dans le plan supérieur, trois dans le plan inférieur, la

[1] Les dimensions des pièces étaient :

*Régulateur* : longueur, 1m,62 ; largeur, 0m,35.
*Indicateur*				—			2m,00,		—			6m,35.

septième recouvrant le régulateur, la huitième le prolongeant. Chappe adopta ces positions, sauf la huitième, qu'il supprima comme n'étant pas assez distincte à distance ; les indicateurs, ayant ainsi chacun 7 positions, en donnaient entre eux 49, qui, multipliées par les 4 du régulateur, fournissaient un total de 196 positions bien distinctes les unes des autres. Comme il importait de ne pas confondre le signal à transmettre avec les mouvements du télégraphe dans la manœuvre, il fut décidé que les signaux se composeraient sur les obliques du régulateur, et qu'ils n'acquerraient de valeur réelle que lorsque le régulateur serait placé verticalement ou horizontalement ; cette mesure réduisit à 98 les positions primitives ; sur ce nombre on en destina quatre à des signaux d'un usage fréquent qui pouvaient être donnés par les employés eux-mêmes dans le cours d'une dépêche, tels que les avertissements d'arrêt dans le travail par suite du brouillard ou de l'absence d'un stationnaire, de sorte qu'en définitive il ne resta que 94 signaux applicables aux dépêches. Les signaux ne se formaient pas indistinctement sur l'une ou l'autre oblique du régulateur ; l'oblique de droite fut affectée aux dépêches, celle de gauche fut réservée aux signaux de service compris de tous les employés et indispensables en télégraphie, tant pour la police de la ligne que pour les besoins de la transmission.

Il eût été difficile de se faire entendre des stationnaires, gens pour la plupart illettrés, avec les mots *plans, angles, degrés* pour désigner les signaux : l'inspecteur Durant, dont nous avons noté l'entrée dans l'administration en l'an III, eut l'idée très-heureuse de donner aux signaux des noms faciles, en rapport avec les positions. Les angles de 45, 90, 135 degrés de l'indicateur furent désignés par les nombres cinq, dix, quinze, suivis des mots *ciel* ou *terre*, selon que la position était dans le plan supérieur ou inférieur ; la septième position (l'indicateur replié) fut appelée *zéro* ; les deux indicateurs au *zéro* déterminaient le *fermé*. Quant à la position du régulateur, on l'indiquait par le mot *perpen*, lorsqu'elle était verticale. Les signaux s'énonçaient en commençant toujours par l'indicateur placé à la partie supérieure pendant la formation du signal. Voici quelques exemples de ce langage : dix ciel quinze terre, — cinq ciel quinze terre perpen, — quinze terre zéro. L'application de la méthode Durant facilita d'une manière étonnante le travail de la transmission, elle était simple et à la portée de tous.

Le service des lignes était admirablement organisé : le passage des signaux, l'indication de la nature des dépêches, la transmission des avis d'interruptions et de dérangements, les incidents, tout était réglé de manière à ne laisser aucun doute dans l'esprit des stationnaires, et à faire connaître immédiatement aux postes de direction la cause et le lieu des arrêts de transmission. Nous ne pouvons entrer ici dans tous les détails de cette organisation ; nous en citerons seulement quelques points.

Dès que l'employé apercevait un signal à l'une des stations correspondantes, il mettait son régulateur en mouvement, lui faisait prendre la position oblique, composait le signal et le portait, tout composé, sur l'horizontale ou la verticale, ce qui s'appelait *assurer* le signal ; il ne changeait le *porté* que lorsque le signal était reproduit par le poste suivant. Le passage d'un signal exigeait les opérations suivantes : observer le signal formé par le correspondant, le former à l'oblique, observer s'il est porté sur l'horizontale ou la verticale, le porter de même, l'écrire sur un procès-verbal, et enfin vérifier s'il est exactement reproduit par le poste suivant.

Chaque dépêche était précédée d'un signal particulier, qui était la *grande urgence* ou la *grande activité*, quand la dépêche s'éloignait de Paris, et la *petite urgence* ou la *petite activité*, quand la dépêche marchait sur Paris. La dépêche précédée de la *petite urgence* l'emportait sur celle qui était précédée de la *grande activité*, mais devait céder le pas devant la *grande urgence*. Ainsi, lorsque deux dépêches se croisaient en un point de la ligne, le signal précédant ces dépêches faisait connaître au stationnaire s'il devait abandonner sa transmission pour prendre celle qui lui arrivait en sens opposé. Si, par exemple, il transmettait une dépêche précédée de la *petite urgence*, et s'il voyait arriver la *grande urgence*, il abandonnait son signal, et la dépêche précédée de la *grande urgence* passait. Après sa transmission, chaque stationnaire reprenait le signal qu'il avait abandonné, et la transmission de la première dépêche continuait.

Il arrivait souvent que la dépêche, étant arrêtée par le brouillard entre deux postes, celui qui cessait de voir son correspondant arborait un signal particulier, *brumaire*, qu'il transmettait du côté opposé, en le faisant suivre d'un autre signal particulier, *indicatif*, faisant connaître le poste qui n'était pas aperçu. Chaque employé abandonnait alors le signal de la dépêche pour prendre le signal du *brumaire*, jusqu'au moment où, le brouillard se dissipant, le poste qui avait arrêté la transmission la reprenait en relevant le *brumaire*. Afin de tenir les employés en haleine pendant la durée d'un brumaire, et pour qu'ils fussent toujours présents à leurs postes et prêts à recommencer la transmission, les employés des postes extrêmes avaient ordre, de temps en temps (toutes les quatre ou cinq minutes), de *rattaquer*, ce qui consistait à reprendre le dernier signal transmis; chaque employé de-

vait à son tour développer le signal auquel il s'était arrêté;
quand ce *rattaqué* arrivait au dernier poste, le stationnaire
transmettait de nouveau le *brumaire*, qui faisait connaître
que la cause de l'interruption subsistait toujours.

Lorsqu'un employé ne prenait pas le signal qui lui était
présenté par son correspondant, celui-ci transmettait le
signal *absence*, suivi de l'*indicatif* du poste. Ces absences
étaient constatées sur les procès-verbaux et punies sévè-
rement.

Il existait d'autres signaux réglementaires, tels que
le *petit dérangement*, qui indiquait un dérangement facilement réparable par le stationnaire lui-même, la rupture
d'une corde, par exemple; le *grand dérangement*, qui né-
cessitait la présence de l'inspecteur (ces signaux étaient
toujours suivis de l'*indicatif* du poste où avait lieu le dérangement); l'*erreur*, qui annulait le signal précédent, et
l'*attente*, qui indiquait aux employés qu'ils devaient se
tenir prêts à prendre une transmission.

La transmission n'était pas continue sur les lignes; sur
quelques-unes on passait à peine deux ou trois dépêches
par jour. Afin de ne pas forcer les employés à regarder
constamment à leurs lunettes, on avait des signaux particuliers représentant des congés d'un quart d'heure, d'une
demi-heure, d'une heure, etc. Lorsque le congé était
donné, l'employé fermait son télégraphe (fermé vertical),
et pouvait s'absenter. A l'expiration du congé, les deux
postes extrêmes le relevaient en transmettant la grande
et la petite activité, ils s'assuraient que la ligne était en
bon état, et donnaient un nouveau congé, s'il n'y avait
aucune dépêche à transmettre.

Pour exercer les employés sur les lignes peu occupées,
on transmettait des dépêches d'exercice. Ces dépêches,
toujours précédées de la grande ou petite *activité*, devaient

céder le pas devant les dépêches officielles précédées de la *grande* ou de la *petite urgence.*

On tenait compte de la vitesse avec laquelle les dépêches étaient transmises, et de temps en temps on faisait un classement des divisions.

Dans de bonnes conditions atmosphériques et avec des employés bien exercés, on pouvait former trois signaux par minute, mais cette vitesse était exceptionnelle. Ainsi, sur la ligne de Paris à Toulon, d'une longueur de **240** kilomètres, et composée de **120** stations télégraphiques, en supposant que toutes les conditions fussent bonnes, on ne pouvait guère compter que sur l'arrivée d'un signal par minute, en moyenne, dans une correspondance suivie. La moyenne du temps de transmission par jour, calculée sur quarante ans de pratique, ne dépassait pas six heures ; il arrivait fréquemment que pendant l'hiver on ne pouvait pas travailler plus de trois heures par jour ; aussi dans les moments où les messages étaient nombreux, la moitié seulement des dépêches arrivaient à destination le jour de leur date, la seconde moitié ne faisait qu'une partie du trajet par les télégraphes et était réexpédiée par la poste. Le gouvernement se préoccupa souvent de cette insuffisance de la télégraphie, et fit rechercher à différentes reprises les moyens d'accélérer la transmission. Les moyens pouvaient être de quatre natures : modification de l'appareil, — perfectionnement du vocabulaire, — amélioration des lignes, — télégraphie de nuit. Nous allons les examiner sommairement.

## XX

La machine de Chappe était à peine construite que des projets de télégraphie de tout genre furent soumis au gouvernement ; dans une période de près de cinquante ans, ces projets furent en si grand nombre que nous ne saurions nous occuper même de tous ceux que le gouvernement fit examiner. Parmi les plus anciens, et nous ne les citons qu'à cause des noms de leurs auteurs, se trouvent celui de Monge et Berthollet, et celui de Bréguet et Béthancourt ; l'expérience démontra bien vite leur infériorité. Plus tard, en 1809, M. de Saint-Haouen proposa un télégraphe de jour et de nuit, qui devait avoir un grand avantage sur le système de Chappe, au double point de vue de la rapidité de la transmission et des frais d'établissement et d'entretien ; le projet fut repoussé par l'État, mais non abandonné par l'auteur qui le reprit en 1820. Puissamment protégé, le contre-amiral de Saint-Haouen eut alors plus de succès, il fit même approuver son appareil par le roi Louis XVIII qui des fenêtres des Tuileries pouvait le voir fonctionner sur le mont Valérien. Des Commissions d'officiers de marine et d'ingénieurs firent des rapports très-favorables, et, en 1821, le Conseil des ministres décida qu'un essai en grand serait tenté entre Paris et Bordeaux, ligne alors projetée, et qui devait être entièrement pourvue du nouveau système en cas de réussite. Les expériences eurent lieu de Paris à Orléans ; le contre-amiral de Saint-Haouen subit l'échec le plus complet ; il en coûta au gouvernement de 60.000 à 80,000 francs. Vers la fin du règne du roi Charles X, une Compagnie privée, représentée par un sieur Ferrier, établit une ligne de Paris à Rouen ; les cours de la Bourse furent transmis et affichés à Rouen le même jour ; mais en 1834 le gouvernement fit cesser cette correspondance. Parmi les autres projets qui surgirent encore, on remarque le *vivigraphe*, qui fut établi à Rochefort ; le système de Vilallongue qu'approuva Arago, et celui de Gonon, qu'on vit fonctionner sur la butte Montmartre. Tous ces télégraphes ne valaient pas

7

celui de Chappe, dont le principe, excellent en lui-même, était cependant susceptible de perfectionnement.

Déjà sous l'empire, l'inspecteur Durant avait proposé de rendre le régulateur immobile, et de le remplacer par une pièce plus petite, mobile à son centre et placée au-dessous du régulateur ; mais les frères Chappe, jaloux de conserver intacte la machine primitive, repoussaient toute innovation. L'idée de Durant fut reprise vers 1838 par M. Flocon, administrateur adjoint, qui immobilisa le régulateur, et plaça au-dessus un petit régulateur appelé *mobile*, soutenu par son milieu et pouvant être horizontal, vertical et incliné de 45 degrés à gauche ou à droite. Cette disposition, adoptée pour une partie de la ligne du Midi et pour celle de Calais à Boulogne, était ingénieuse, elle offrait moins de prise au vent, facilitait le jeu des manivelles, et rendait le passage des signaux d'un tiers au moins plus rapide.

Il était possible cependant de simplifier encore : en vue de la télégraphie d'Afrique, le *mobile* fut supprimé, et l'appareil, qui était toujours la machine de Chappe, mais réduite à sa plus simple expression, ne consista plus qu'en un régulateur fixe, avec deux indicateurs mobiles, le tout soutenu par deux poteaux parallèles. Toutes les lignes d'Afrique en furent pourvues par les soins de M. César Lair, qui dut approprier un vocabulaire spécial à une transmission nécessairement modifiée par la suppression d'une des pièces principales. Le télégraphe d'Afrique, par son extrême simplicité, présentait moins de chances de dérangement et fatiguait peu l'opérateur, il facilitait encore le passage des dépêches au moyen de son vocabulaire, aussi riche que celui de France, quoique basé sur un nombre de signaux moindre. Il fut adopté par M. Berryer-Fontaine, qui organisa la télégraphie dansla régence de Tunis, et par l'administration pour les télégraphes de Crimée ; il eût peut-être été placé sur les lignes de France, si déjà les jours de la télégraphie aérienne n'avaient été comptés.

Le service d'Afrique exigeait souvent une ligne dans un très-bref délai. M. César Lair fit construire, pour les cas urgents et provisoires, des supports formés de deux poteaux obliquement croisés aux deux tiers de leur hauteur et pouvant se fermer comme deux lames d'une paire de ciseaux ; la partie la plus longue des poteaux se démontait en deux pièces, et les indicateurs de la machine pouvaient se replier avec leur queue sur le régulateur ; un télégraphe, machine et support, démonté et replié, ne présentait pas une longueur de plus de 3 mètres, et pouvait facilement être transporté par un seul mulet ; en un quart d'heure, il pouvait être déchargé, monté et prêt à fonctionner. C'était là le véritable télégraphe aérien de campagne, vainement cherché sous la république et l'empire.

Nous devons aussi mentionner une proposition qui semblait de nature à augmenter beaucoup le nombre des signaux, c'était de considérer les développements faits sur les *obliques* (le régulateur étant oblique), comme autant de signaux distincts. Mais cette méthode, qui devait augmenter singulièrement les chances d'erreur, a dû être abandonnée.

L'accélération de la transmission pouvait aussi être cherchée dans le perfectionnement du vocabulaire : partie intégrante du télégraphe aérien, le vocabulaire donnait une valeur au signal que l'appareil transmettait. Sans entrer dans une discussion sur les langages secrets, nous pouvons dire que le vocabulaire télégraphique était dans des conditions tout à fait spéciales ; il devait, non seule-

ment présenter toutes garanties de sûreté, mais encore
exprimer toutes les pensées possibles, avec les 92 signes
que Chappe avait fixés pour base de la correspondance [1] :
or, plus chacun de ces signes pouvait s'appliquer facilement
à l'expression d'une pensée, moins il fallait de signaux
pour rendre une phrase, et plus, par conséquent, le vocabulaire était perfectionné. On comprend qu'un pareil perfectionnement ne pouvait être que le fruit de longues
observations ; l'administration s'appliquait à cette étude,
et progressivement le vocabulaire s'améliorait. On proposa
plusieurs fois de nouveaux vocabulaires; à part celui
d'Afrique, ils furent refusés, car les propositions tendaient
à l'adoption d'un plus grand nombre de signaux de transmission, de ceux formés sur les *obliques*, par exemple.

En somme, le vocabulaire télégraphique constituait
une véritable langue, avec tous ses caractères ; ainsi, une
dépêche pouvait être mise en signaux de beaucoup de
manières différentes, et l'habileté des directeurs consistait
à employer le moins possible de signaux, tout en conser-
vant une clarté suffisante pour ne donner lieu qu'à une
seule interprétation.

Beaucoup de lignes avaient été construites rapidement
sans économie, et souvent les emplacements des postes
avaient été mal choisis. Une des préoccupations constantes
de l'administration fut d'améliorer les lignes, soit en dé-
plaçant les stations, soit en exhaussant les maisonnettes,
soit en ajoutant des postes intermédiaires.

Il arrivait, en effet, très-souvent que le service était
arrêté toujours au même endroit sur une ligne, soit parce

---

[1] Nous avons dit précédemment que le vocabulaire télégraphique
se composait de trois vocabulaires, chacun de 92 pages et de 92 mots
par page.

que deux postes étaient trop éloignés l'un de l'autre, soit parce qu'ils étaient séparés par une vallée donnant lieu à d'épais brouillards, soit parce que l'un d'eux était placé dans de mauvaises conditions de visibilité. M. Foy fit faire par les inspecteurs des relevés mensuels de tous les instants où l'interruption d'une ligne avait eu une cause locale, relevés qu'il était facile de dresser d'après les procès-verbaux tenus dans les stations ; c'est d'après ces relevés qu'on put connaître les défauts réels des lignes, et y remédier.

Le brouillard n'était pas la seule cause qui nuisît à la transmission. Les ondulations de l'atmosphère rendaient souvent, par les grandes chaleurs, la vue des signaux très-difficile, et obligeaient quelquefois les employés à donner le signal du brumaire par le plus beau temps. La position des postes influait beaucoup sur ces ondulations, elles étaient particulièrement pénibles, lorsque le rayon visuel, entre deux postes, rasait les terrains humides. L'administration avait mis, dans les derniers temps, cette question à l'étude ; mais, comme toutes les autres que soulevait la télégraphie aérienne, l'intérêt qui pouvait s'y attacher tomba dès qu'il fut question de télégraphie électrique.

Les lunettes furent aussi perfectionnées, et, en augmentant leur dimension, on put augmenter notablement la visibilité et assurer le passage des signaux.

Il nous reste à examiner la quatrième manière, et certainement la plus efficace, pour obtenir le rapide écoulement des dépêches. La question de la télégraphie de nuit occupa l'administration aérienne pendant toute la durée de sa gestion, elle la passionna dans les dernières années.

Lorsque Claude Chappe présenta son invention au gouvernement, il regardait la transmission de nuit comme le complément de la transmission de jour ; tous les inventeurs qui, depuis cette époque, présentèrent des télégraphes en opposition à celui de Chappe, eurent la même pensée, tous admettaient en principe la nécessité et la possibilité de la télégraphie de nuit. Chaque fois qu'une nouvelle invention apparaissait, l'administration tentait de nouveaux essais ; elle éclaira successivement son télégraphe avec des chandelles, puis avec des fanaux à réflecteurs paraboliques garnis de la lampe d'Argant ; mais elle ne dépassa jamais les limites de simples expériences. En 1840, le docteur Guyot vint présenter une composition qu'il appelait *hydrogène liquide ;* cette matière inflammable, essayée déjà avec succès, devait éclairer le télégraphe de Chappe, même pendant les nuits les plus sombres. Le docteur Guyot sut à propos réveiller l'attention publique et se la rendre favorable ; le gouvernement et la Chambre des députés se montraient de leur côté généralement bien disposés en faveur de l'invention ; seule, l'administration des télégraphes fit opposition. Personne dans l'administration ne songeait à mettre en doute la possibilité de la télégraphie de nuit, même sur les lignes les plus étendues, on ne doutait pas davantage des services qu'elle pouvait rendre ; mais ce que l'administration, forte de sa compétence, soutenait avec énergie, c'était que les cas où la télégraphie pouvait être appelée à fonctionner de nuit étaient tout à fait exceptionnels, c'était que les dépenses considérables qu'elle devait entraîner seraient hors de toute proportion avec les services rendus, c'était enfin que les fonds pouvaient être mieux employés au même but, qui était l'écoulement des dépêches, en constructions de nouvelles lignes destinées à couper et à décharger les lignes existantes. Malgré l'autorité qui devait s'attacher à ses arguments, l'administration perdait du terrain dans la discussion ; elle résolut alors d'opposer aux procédés du docteur Guyot un système né dans son sein.

Les fonctionnaires de la télégraphie s'occupaient de toutes les questions qui intéressaient leur service. M. César Lair, au mois de juin 1835, avait proposé à M. Foy une méthode de décomposition de mouvements qui permettait de reproduire tous les signaux de l'appareil Chappe sur un seul indicateur ; la méthode, jugée ingénieuse, fut repoussée comme exposant trop à la confusion[1] ; elle pouvait cependant faire faire un grand pas à la télégraphie de nuit en permettant de restreindre l'éclairage à un seul indicateur. M. Moris, directeur à Calais, avait aussi trouvé un mode d'éclairage, ce fut celui qu'adopta l'administration pour les expériences.

La question se présenta, dans la session de 1842, à la Chambre des députés, où elle fut l'objet d'un débat assez vif. M. Pouillet, rapporteur d'un projet de loi pour un crédit de 30,000 francs, destiné aux expériences, démontra la possibilité et la nécessité de la télégraphie de nuit et l'excellence des procédés du docteur Guyot, qui ne demandaient, pour être consacrés, qu'une expérience sur une ligne de 250 à 300 kilomètres. Arago repoussa le projet de loi ; il dit que les expériences du docteur Guyot avaient été manquées, qu'il était inutile de les recommencer; que le système était dangereux par la trop grande combustibilité du liquide ; que, du reste, jamais l'employé ne pourrait monter sur l'échafaudage pour allumer les lanternes par le mauvais temps; que, si l'on voulait absolument un télégraphe de nuit, il valait mieux prendre

---

[1] Ce fut précisément le système de décomposition de signaux de M. César Lair qui fut appliqué, en télégraphie électrique, à la transmission à un fil de *l'appareil français*.

celui de Vilallongue, récemment essayé aussi ; mais qu'au surplus la télégraphie aérienne avait fait son temps, et que bientôt elle allait être remplacée par la télégraphie électrique. — Le projet de loi fut adopté par la Chambre, à une grande majorité ; sur la somme votée, le ministre accorda 20,000 francs à M. Guyot et 10,000 francs à M. Moris. Au mois de mars 1843, des expériences comparatives furent faites sur la ligne de Paris à Dijon et sur celle de Paris à Tours ; des dépêches furent échangées avec succès sur les deux lignes, mais il était trop tard, et bientôt la question changea de face : ce ne fut plus la télégraphie de nuit qui fut en jeu, mais bien la télégraphie aérienne tout entière.

<h2 style="text-align:center">XXI</h2>

La télégraphie électrique, dont nous n'avons pas à suivre ici les progrès scientifiques, était en effet, depuis quelques années, sortie du domaine abstrait. Déjà, de 1837 à 1840, les appareils de Wheastone et de Morse avaient été accueillis favorablement par l'Académie des sciences. En 1838, Sheinheil, à Munich, avait établi un fil et communiqué à plus de 10 kilomètres. Une véritable ligne électrique avait été construite en Angleterre, en 1841, sur le chemin de fer du Great-Western, entre Londres et la station de Slough, sur une longueur de 25 milles.

Ces travaux eurent en France un grand retentissement ; la Chambre des députés s'en occupa, en 1842, à l'occasion du vote du crédit pour la télégraphie de nuit. Dans la discussion, Arago préconisa la télégraphie électrique ; M. Pouillet, rapporteur, répondit qu'au sein de la Commission la question avait été examinée avec soin, mais qu'il « paraissait peu convenable et peu rationnel » de demander des fonds pour cet objet et qu'il fallait attendre.

L'administration, de son côté, était attentive. M. Foy, de son propre mouvement, sans mission officielle, partit pour l'Angleterre, afin d'aller étudier sur place l'application nouvelle ; il revint de son voyage avec la conviction que la télégraphie électrique était possible.

Mais les innovations les plus précieuses ne s'accomplissent pas en un jour. La télégraphie électrique trouva en France quelques partisans et beaucoup d'incrédules. Les esprits les plus éclairés et les plus amis du progrès regardèrent comme très-réelles des difficultés que le temps nous a prouvé être illusoires. Le croirait-on aujourd'hui? Ce n'était ni sur le principe de la télégraphie électrique, ni sur les appareils que les critiques sérieuses portèrent, mais sur le conducteur de l'électricité, sur le fil seulement. On crut d'abord que le fil devait être enterré sur tout le parcours, puis, quand on parla de le suspendre, on ne put admettre qu'un fil, traversant les villes et les campagnes, serait respecté par des populations qu'on regardait comme par trop malveillantes.

Le gouvernement, meilleur juge de l'esprit public, décida que des essais en grand seraient tentés ; et, dans ce but, une ordonnance royale en date du 25 novembre 1844 ouvrit un crédit extraordinaire de 240,000 francs. Les travaux, dirigés par M. Gounelle, inspecteur, commencèrent aussitôt sur la voie du chemin de fer de Paris à Rouen. Le 22 janvier 1845, les poteaux étaient plantés : le 27 avril, la ligne fonctionna jusqu'à Mantes ; et, le 18 mai, en présence d'une Commission composée des hommes les plus compétents, des dépêches furent échangées entre Paris et Rouen avec le plus grand succès.

En Angleterre, sur un parcours plus long, de Londres à Gosport, le discours de la reine, composé de 3,500 lettres, avait été transmis en 2 heures le 4 février. En Amérique, la ligne de Washington à Baltimore, d'un parcours de 250 milles, fonctionnait régulièrement.

Le gouvernement jugea la cause suffisamment instruite, et, dans la session de 1846, il présenta à la Chambre des députés un projet de loi relatif à un crédit extraordinaire de 408,650 francs, pour l'établissement d'une ligne de télégraphie électrique de Paris à Lille.

La Commission de la Chambre, par l'organe de M. Pouillet, rapporteur du projet de loi, déclara qu'elle adhérait à l'unanimité au projet du gouvernement; puis, tout en se félicitant de n'avoir point à se prononcer sur le changement de système, elle fit remarquer à la Chambre que la substitution du télégraphe électrique au télégraphe aérien, sur les lignes en activité seulement, exigerait une dépense de près de sept millions, et que, par conséquent, les conditions économiques paraissaient tout à fait contraires au changement. Dans l'exposé des motifs, le ministre de l'intérieur avait dit qu'on ne pouvait soutenir que la télégraphie aérienne échappait moins aux attaques de l'émeute que la télégraphie électrique. La majorité de la Commission ne fut point de cet avis, et elle resta convaincue qu'un fil tendu à quelques mètres du sol, accessible facilement sur toute sa longueur, était bien plus menacé que les postes des employés du télégraphe aérien. Le rapporteur fit entrevoir aussi que, dans le cas où le télégraphe électrique deviendrait un besoin nouveau pour la société, comme « commençaient à le croire plusieurs personnes, fort éclairées sur tout ce qui tient à l'administration des chemins de fer et aux grandes opérations du commerce, » il serait nécessaire de modifier la loi sur le monopole des télégraphes, ou de donner à l'administration télégraphique un grand développement.

La Commission, « ayant cru remarquer que l'administration conservait peu de goût pour l'ancien télégraphe, et que peut-être elle inclinerait dès à présent à substituer, progressivement et systématiquement, la télégraphie électrique à la télégraphie ordinaire, » pensa que cette tendance méritait la plus sérieuse attention, et qu'il était indispensable de la signaler et de montrer, en même temps, quels graves intérêts s'y trouvaient engagés. Aux yeux de la Commission, qui n'entendait pas se prononcer sur le changement de système, la question était prématurée ; et il eût été même imprudent de s'en occuper avant que les expériences faites en d'autres pays eussent bien démontré l'utilité de la télégraphie électrique pour les voyageurs de chemins de fer et pour le commerce et l'industrie. En résumé, la Commission acceptait le projet de loi, mais elle émettait en même temps le vœu que le matériel de la télégraphie aérienne fût conservé sur la ligne de Lille.

Malgré les efforts d'Arago, bien autorisé à parler en cette matière, la discussion dans la Chambre se ressentit de l'extrême timidité du rapport ; la loi fut cependant votée à une très-grande majorité.

On a écrit, et l'opinion s'en est accréditée, que l'administration française s'était opposée à l'établissement de la télégraphie électrique ; il suffit, pour réfuter ces erreurs, de citer le rapport que nous venons d'analyser. Ce n'est pas dans l'administration qu'il faut chercher la résistance, c'est à la Chambre des députés, c'est dans le sein de la Commission qui, par un excès de prudence, doutait encore de la télégraphie électrique, lorsqu'en d'autres pays elle était déjà en exploitation ; c'est chez cette majorité de la Commission qui, accusant l'administration d'avoir conservé peu de goût pour l'ancien télégraphe, en signalait les tendances progressives comme dangereuses. L'esprit de parti seul peut propager de pareilles erreurs, lorsque la vérité se trouve à la portée de tous dans les documents publics de l'époque.

La loi fut promulguée le 3 juillet 1846 ; elle attribuait une somme de 489,650 francs à l'établissement d'une ligne partant du ministère de l'intérieur à Paris et aboutissant à la frontière belge, par Lille, avec un embranchement de Douai à Valenciennes.

Nous ne savons dans quelle mesure la Chambre des députés eût procédé à la substitution des systèmes et au développement du réseau électrique, mais, en préjugeant de la discussion sur la ligne de Lille, et du peu d'empressement qu'on mettait à développer le réseau des chemins de fer, nous sommes autorisé à penser que, sans les événements politiques, les lignes de la télégraphie électrique seraient loin du grand développement qu'elles ont de nos jours.

La révolution de Février amena un changement dans le personnel supérieur de l'administration. Par un arrêté du 15 avril 1848, le ministre de l'intérieur nomma M. Flocon deuxième administrateur en chef des lignes télégraphiques. M. Foy n'accepta pas la situation et il se retira. M. Lemaistre, directeur à Marseille, fut alors nommé administrateur *ex æquo* avec M. Flocon. Au mois d'octobre, M. Flocon prit sa retraite, et M. Lemaistre resta seul administrateur en chef avec MM. Alexandre et Perrot d'Estivareilles comme administrateurs adjoints. M. Foy fut rappelé à la tête de l'administration en novembre 1849 ; il occupa ses fonctions jusqu'au mois d'octobre 1853, époque de la nomination de M. de Vougy comme directeur de l'administration des lignes télégraphiques, titre qui fut changé, en juin 1854, en celui de directeur général.

Le réseau électrique s'était successivement étendu, mais

sans suivre, selon les idées de 1846, le tracé des lignes aériennes ; les fils rayonnaient autour de Paris, tandis que les lignes aériennes fonctionnaient encore sur certains points ; il arriva par suite que, dans quelques directions, la transmission des dépêches fut mixte, électrique au départ de Paris, aérienne à l'arrivée à destination. Cette période de transition cessa en 1855 lorsque la dernière ligne aérienne fut abandonnée. En abandonnant la télégraphie aérienne comme moyen ordinaire de transmission, le gouvernement ne renonça point cependant à s'en servir dans des cas spéciaux. En 1855 le ministre de l'intérieur, pour assurer dans tous les cas le départ des dépêches, donna l'ordre de rétablir dans un rayon d'une dizaine de kilomètres autour de Paris des petites lignes aériennes aboutissant à des stations de télégraphie électrique. Cinq de ces lignes furent construites, elles ne fonctionnèrent qu'à titre d'essai et furent démolies en 1856. Précédemment, en 1854, la télégraphie aérienne avait fait une apparition qui ne fut pas la période la moins glorieuse de son histoire.

## XXII

Nous avons vu que primitivement la télégraphie aérienne n'avait été qu'un instrument de guerre ; en Afrique elle était devenue indispensable aux opérations ; elle devait, avant de disparaître, s'illustrer devant Sébastopol.

Lorsque la guerre d'Orient fut décidée, le ministre de la guerre fit la demande d'un service télégraphique. M. de Vougy, directeur général, pour parer à toutes les éventualités, fit partir pour la Turquie un matériel électrique et un matériel aérien. Le personnel télégraphique, sous la direction de M. Carette, inspecteur, débarqua à Varna le 10 juillet 1854 et construisit aussitôt, de Varna à Baltschick, une ligne aérienne de sept postes qui fonctionna du 15 août au 15 novembre. Baltschick était le port d'embarquement des troupes destinées à la Crimée, c'est de ce point que partirent les escadres dans les premiers jours de septembre, et plus tard les renforts. Quand les difficultés du siége de Sébastopol furent reconnues, le service télégraphique fut scindé en deux parties : l'une resta en Turquie pour construire la ligne électrique de Varna à Buckarest et desservir les stations turques ; l'autre, avec les télégraphes aériens, s'embarqua pour la Crimée.

M. Aubry, inspecteur, chef du service, arriva à Kamiesch le 29 décembre avec le personnel et le matériel ; les travaux d'établissement commencèrent immédiatement. Le plan d'ensemble consistait à relier télégraphiquement au grand quartier général les points stratégiques, les armées, les divisions détachées et les ports d'approvisionnements. Pour atteindre ce but, les télégraphes durent suivre les divisions dans leurs mouvements, de sorte qu'à côté de lignes permanentes il en fut d'autres qui fonctionnèrent pendant un temps très-court et qui furent supprimées et rétablies dans une même semaine selon les besoins du service. Cette organisation de télégraphes ambulants fit de la télégraphie en Crimée un service spécial, sans précédent même en Afrique, où les lignes, pour être provisoires, n'étaient cependant pas volantes.

Dès les premiers jours de 1855, M. Aubry, avec le concours de M. Carette, qui était venu en Crimée prendre les ordres du général en chef pour la ligne électrique de Varna à Buckarest, établit des stations télégraphiques en communication avec le grand quartier général, à la maison Forey, armée de siége, plus tard 1er corps ; — à la Redoute, armée d'observation, plus tard 2e corps ; — au point appelé la Maison d'observation, observatoire du

général en chef, où se tenait constamment un officier
d'état-major chargé de signaler les incidents du siége
sur la gauche et la droite ; — à Kamiesch ; — à Balaclava
et à Inkerman.

Après le mouvement du général Bosquet vers le moulin,
le poste d'Inkerman fut supprimé le 17 février ; celui de
Balaclava suivit, le 25 mai, la 1re division du 1er corps,
qui de ce point s'était portée sur la Tschernaïa pour y
prendre position. Le télégraphe fut placé sur les hauteurs
dominant la rivière et communiqua avec le grand quartier
général par l'intermédiaire du poste de la Redoute.

Le général en chef donna l'ordre à M. Aubry de relier
la position de la Tschernaïa avec la vallée de Baïdar, où se
trouvait la division de cavalerie du général d'Allonville.
Le 10 juin une ligne de trois postes fut établie entre ces
deux points ; dirigée d'abord sur la plaine de Varnoutka,
puis sur la ferme de Mordwinoff ; la ligne, pour suivre les
mouvements du quartier général de la cavalerie, dut être
supprimée et rétablie six fois, du 10 juin au 8 septembre,
jour de la jonction des troupes de la vallée de Baïdar à
celles de la Tschernaïa. Le rétablissement des postes se
faisait avec une telle rapidité, que le service était prêt à
fonctionner en trois heures, temps nécessaire pour parcourir la distance de 3 lieues qui séparait les deux
quartiers généraux [1].

La communication du grand quartier général avec le
1er corps avait été étendue, au mois d'août, jusqu'à la baie
de Streleska et de là, au moyen d'un mât de pavillon,
établie avec le bâtiment d'avant-garde de la flotte [2] ;
le 8 septembre, la redoute Victoria fut pourvue d'un té-

---

[1] Par la route, la distance était de 4 lieues environ ; elle était abrégée
d'un quart par le tracé de la ligne des télégraphes.

[2] La station de Streleska fut supprimée le 9 octobre.

légraphe qui le lendemain fut transporté sur la tour Malakoff.

Après la prise de Sébastopol, une station fut établie dans la place qui communiqua avec le grand quartier général par la Maison d'observation ; le même jour, 13 septembre, la ligne de la vallée de Baïdar fut rétablie dans la direction de la ferme de Mordwinoff, le 1er corps, presque au complet, s'étant porté dans la vallée. Le 1er octobre, l'armée fit un mouvement vers le haut Belbec, la ligne fut alors dirigée par quatre postes, d'abord sur Orkoustka, puis sur l'Egry-Adgadj ; on établit des stations d'arrivée aux cols de Kenser-Tschesmé et de Car-doun-Bell où campaient des troupes [1]. Un mois après, les divisions reprirent, en grande partie, leurs premiers campements, et les postes télégraphiques leurs places précédentes entre la Tschernaïa et la vallée de Baïdar ; les positions ne furent plus changées jusqu'au 14 mai, jour que suivit de près la suppression de tous les postes de Crimée qui fut opérée le 1er juillet 1856.

Ainsi, pendant presque toute la durée de la campagne, du mois de janvier 1855 au mois de juillet 1856, la maison Forey, la Maison d'observation, le poste de la Redoute, Kamiesch, la Tschernaïa et la vallée de Baïdar restèrent en communication télégraphique avec le grand quartier général ; les autres positions le furent aussi longtemps que nos troupes les occupèrent.

Les positions des stations témoignent de l'importance que le commandant en chef attachait à la télégraphie ; le nombre et la nature de près de 4,500 dépêches expédiées du grand quartier général et des autres quartiers généraux prouvent suffisamment les services de tout genre que la té-

---

[1] Distance par la route de Mordwinof à l'Egry-Adgadj, 4 lieues ; par la ligne visuelle des télégraphes, 3 lieues.

légraphie rendit aux opérations militaires, à celles de la
flotte et à l'intendance.

Les télégraphes d'Afrique avaient donné un si excellent
résultat de rapidité de transmission, et surtout d'installa-
tion, que l'administration n'hésita pas à les employer en
Orient : M. Carette y apporta une heureuse modification
en remplaçant par de la tôle le bois des indicateurs, ce
qui les rendit beaucoup plus légers. En moins de vingt
minutes un poste était installé, il était replié presque in-
stantanément ; deux mulets suffisaient pour le transport
du matériel d'une station avec les objets de rechange et
les accessoires.

La vitesse de la transmission était en télégraphie aérienne en raison du nombre des postes intermédiaires ;
en Crimée, la plupart des stations correspondaient directement entre elles, les plus éloignées n'étaient séparées
que par trois ou quatre télégraphes, aussi le passage des
dépêches se faisait-il avec rapidité. Une dépêche de vingt-
cinq mots, par exemple, parvenait en 15 minutes au
plus du quartier général aux corps d'armée ; en 20 minutes à Kamiesch et à la Tschernaïa, en 25 minutes à la
vallée de Baïdar, en 30 minutes à l'Egry-Adgadj. Pour
les mêmes distances, des ordonnances à cheval mettaient d'une demi-heure à quatre heures, et pouvaient
être exposées au feu de l'ennemi. La télégraphie laissait disponible ainsi la cavalerie, peu nombreuse en
Crimée, et faisait gagner aux dépêches un temps considérable [1].

Les dépêches se chiffraient, en général, d'après le vocabulaire d'Afrique, modifié pour les circonstances par

[1] Pour activer encore la remise des dépêches, M. Aubry fit à plusieurs reprises la demande d'un service électrique, qu'il aurait com-
biné avec les stations aériennes.

M. Aubry, mais l'insuffisance des employés ne permit pas d'établir des traducteurs dans toutes les stations, et on fut obligé, sur certains points, de correspondre en lettres.

La conduite du personnel, dirigé pendant toute la campagne par M. Aubry, fut digne des plus grands éloges. Dès leur arrivée en Crimée, les fonctionnaires et agents de tous grades campèrent sous la tente, sur un terrain à ce point détrempé par les pluies, qu'il fut impossible pendant plus de quinze jours d'allumer du feu pour la préparation des aliments. L'hiver fut excessivement pénible ; au mois de novembre 1855 seulement, les stations permanentes furent baraquées. Le travail était extrême, il n'y avait par poste qu'un seul employé qui était obligé d'avoir l'œil à la lunette de seize à dix-huit heures par jour, en été.

Pendant dix-huit mois de séjour en Crimée, le personnel de la télégraphie fut exposé aux mêmes privations que l'armée, et quelquefois aussi aux mêmes dangers. Durant la bataille de Tracktir et le jour de l'assaut de Sébastopol, les employés étaient à leurs postes et les télégraphes fonctionnèrent sous le feu ; pendant quatre mois, les stations de Malakoff et de Sébastopol restèrent à portée des canons des forts du Nord ; le poste de Malakoff dut être déplacé, la position n'étant plus tenable.

La campagne de Crimée a prouvé que le dévouement et le courage se trouvent dans tous les rangs de l'administration ; elle a jeté un dernier éclat sur la télégraphie aérienne, bien digne de finir avec la prise de Sébastopol une carrière qui datait de la reddition de Condé.


## XXIII


Telle est l'histoire du télégraphe aérien français et de son administration. Nous l'avons vu apparaître pendant la

Révolution et se mettre au service de la patrie menacée, puis se faire consacrer sous la Terreur, se développer sous le Directoire pour s'étendre de Boulogne à Venise, et de Brest à Mayence sous l'Empire; il languit pendant la Restauration, se relève sous le gouvernement de Juillet, se naturalise en Afrique, et enfin, vaincu par l'écrasante supériorité de la télégraphie électrique, il se retire pour reparaître incidemment en Crimée.

Pendant cette période de plus d'un demi-siècle, la télégraphie aérienne rendit à l'État, avec une loyauté et un dévouement exemplaires, des services qui, pour n'avoir jamais été sérieusement méconnus, ne furent pas cependant appréciés à leur juste valeur. Il y a lieu de s'étonner, en effet, qu'en présence des résultats politiques et administratifs et des économies de tout genre que la télégraphie donnait le moyen de réaliser, les gouvernements n'aient pas songé à lui donner un développement plus considérable.

Pour juger la télégraphie aérienne, il ne faut pas la comparer à la télégraphie électrique, mais la rapprocher des moyens de communication du temps. Pour l'époque des malles-postes, c'était un précieux instrument celui qui permettait de franchir en quelques heures une distance de plusieurs jours de courrier. Il ne dépendait que de l'État d'en tirer un parti plus fructueux : ni l'expérience de l'administration, ni la perfection des machines ne lui faisaient défaut.

La télégraphie aérienne était de son époque; devant des besoins nouveaux elle devait céder, mais non point disparaître tout à fait, car une œuvre sérieuse ne périt jamais entièrement. Quoique abandonnée pour toujours comme moyen usuel de communication, elle pourra être utilisée encore dans certaines conditions pour les sémaphores de la marine par exemple, et surtout dans les opérations militaires; nous croyons, en effet, que, pour une armée assiégeante, il résulterait de la combinaison du télégraphe aérien avec les fils électriques une très-bonne télégraphie, exempte des inconvénients inhérents à l'un et l'autre système, et s'il était une communication possible pour une place bloquée, ce serait à coup sûr seulement au moyen des télégraphes aériens; soit isolément, soit comme complément, la télégraphie aérienne trouvera sans doute encore son application dans quelques cas spéciaux; elle reste donc derrière la télégraphie électrique comme une ressource extrême et comme une dernière réserve.

La télégraphie aérienne a fourni une date à l'histoire des grandes inventions et à l'histoire de France; elle fut le point de départ des télégraphes qui sillonnent de nos jours les territoires civilisés, et il faut reconnaître qu'en indiquant le but elle a facilité la recherche et l'application du système merveilleux qui l'a remplacée. Avant le décret du 26 juillet 1793, la télégraphie n'existait pas, car on ne saurait donner le nom de télégraphes à ces transmissions de signaux léguées par l'antiquité, qui n'étaient que des moyens incomplets et d'un usage limité à des cas prévus. De quelques projets et de quelques ébauches, le gouvernement français fit un principe et une institution; c'est un honneur pour lui d'avoir, le premier de tous, compris l'élément nouveau et sa puissance comme moyen de gouvernement et de civilisation; en adoptant les propositions de Claude Chappe, il a créé la télégraphie et donné une sanction anticipée à la plus belle invention du dix-neuvième siècle, la télégraphie électrique.

FIN.